·有趣的科学法庭·

智齿的保险

[韩]郑玩相 著

牛林杰 王宝霞 等译

7

生物法庭

科学普及出版社

·北京·

作者简介

郑玩相

郑玩相，1985年毕业于韩国首尔大学无机材料工学系，1992年凭借超重力理论取得韩国科学技术院理论物理学博士学位。从1992年起，在国立庆尚大学基础科学部担任老师。先后在国际学术刊物上发表有关重力理论、量子力学对称性、应用数学以及数学·物理领域的一百余篇论文。2000年担任韩国晋州MBC"生活中的物理学"直播节目的嘉宾。

主要著作有《通过郑玩相教授模式学到的中学数学》，《有趣的科学法庭·物理法庭》（1~20），《有趣的科学法庭·生物法庭》（1~20），《有趣的科学法庭·数学法庭》（1~20），《有趣的科学法庭·地球法庭》（1~20），《有趣的科学法庭·化学法庭》（1~20）。还有专门为小学生讲解科学理论的《科学家们讲科学故事》系列丛书：《爱因斯坦讲相对论的故事》、《高斯讲数列理论的故事》、《毕达哥拉斯讲三角形的故事》、《居里夫人讲辐射线的故事》、《法拉第讲电磁铁与电动机的故事》等。

生活中一堂别开生面的科学课

"生物"与"法庭"似乎是风马牛不相及的两个词语，对大家来说，也是不太容易理解的两个概念。虽然如此，本书的书名中却标有"生物法庭"这样的字眼，但大家千万不要因此就认为本书的内容很难理解。

虽然我学的是与法律无关的基础科学，但是我以"法庭"来命名此书是有缘由的。

本书从日常生活中经常接触到的一些棘手案件入手，试图运用生物学原理逐步解决。然而，判断这些大大小小事件的是非对错需要借助于一个舞台，于是"法庭"便作为这样一个舞台应运而生。

那么为什么必须叫"法庭"呢？最近出现了很多像《所罗门的选择》（韩国著名电视节目）那样，借助法律手段来解决日常生活中的棘手事件的电视节目。这类节目通过诙谐幽默的人物形象、趣味十足的案件解决过程，将法律知识讲解得浅显易懂、妙趣横生，深受广大电视观众的喜爱。因而，本书也借助法庭的形式，尽最大努力让大家的生物学习过程变得轻松愉快、有滋有味。

读完本书后，大家一定会惊异于自己的变化。因为大家对科学的畏惧感已全然消失，取而代之的已是对科学问题的无限好奇。当然大家的科学成绩也会"芝麻开花节节高"。

此书得以付梓，离不开很多人的帮助，在这里，我要特别感谢给我以莫大勇气与鼓励的韩国子音和母音株式会社社长姜炳哲先生。韩国子音和母音株式会社的朋友们为了这一系列图书的成功出版，牺牲了很多宝贵的时间，做出了很大的努力，在此我要向他们致以我最诚挚的感谢。同时，我还要感谢韩国晋州"SCICOM"科学创作社团的朋友们对我工作的鼎力协助。

郑玩相
作于晋州

生物法庭的诞生

从前有一个叫作科学王国的国家。这里生活着一群热爱科学、崇尚科学的人们。在这个国家周围，有喜爱音乐的人们居住的音乐王国，有喜欢魔术的人们居住的魔术王国，还有鼓励工业发展的工业王国，等等。

虽然科学王国的每个公民都十分热爱科学，但由于科学的范围广泛，所以每个人喜欢的科目和领域不是很一样。有的人喜欢数学，有的人喜欢物理，还有的人喜欢化学。然而在生物这个神奇的领域，科学王国公民的水平实在是令人不敢恭维。如果让农业王国的孩子们与科学王国的孩子们进行一场生物知识竞赛，农业王国的孩子们的分数反而会遥遥领先。

特别是最近，随着网络在整个王国的普及，很多科学王国的孩子们沉迷于网络游戏，使得他们的科学水平降到了平均线之下。同时自然科学辅导和补习班开始风靡于整个科学王国。在这种漩涡中，一些没有水平、实力和资格的自然科学老师大量出现，不负责任地向孩子们教授一些不正确的自然科学知识。

在生活中到处都有生物的影子，然而由于科学王国的人们对生物知识的缺乏，由生物相关问题所引发的争议也持续不断。因此科学王国的博学总统召集各部部长，专门针对生物问题，召开了一次集体会议。

总统有气无力地说道："最近的生物纠纷如何处理是好啊？"

法务部部长自信满满地说："在宪法中加入生物部分的条款怎么样？"

总统皱了皱眉，有些不太满意："效果会不会不太理想？"

生物部部长提议说："那设立一个新的法庭来解决与生物有关的纠纷怎么样？"

"正合我意！科学王国就应该有个那样的法庭嘛，这样，一切问题就迎刃而解了。嗯……就设立个生物法庭吧。然后再将法庭的案例登载到报纸上，人们就能够分清是非对错，和谐相处啦。"总统终于露出了欣慰的笑容。

"那么国会是不是要制定新的生物法呢？"法务部部长对这个决定似乎有些不满。

"生物是我们生活的地球上的一种自然存在。在生物问题上，每个人都会得出同样的结论，所以生物法庭并不需要新的法律。如果涉及银河系的其他案子或许会需要……"生物部部长反驳道。

"嗯，是啊。"总统似乎已经拿定了主意。

就这样，科学王国很快成立了生物法庭来解决各种生物纠纷。

生物法庭的首任审判长是著有多部生物著作的盛务通博士。另外，法庭还选出了两名律师：一位是名叫盛务盲的四十多岁男性，不过，他虽然毕业于生物专业但对生物知识却只是一知半解，可以说是一个生物盲；另一位是从小就荣获各种生物竞赛一等奖的生物天才BO律师。

这样一来，科学王国的人们就可以通过生物法庭妥善地处理各种生物纠纷了。

关于消化的案件

甜甜的米饭

甜甜的米饭

米饭怎么会有甜味？唾液中隐藏着什么秘密？

走进案件

最近科学王国出现了一家店面大、装修豪华的饭店。这个饭店是由韩一顿经营的美食花园。开业前一周，饭店门前挂出了一条巨大的横幅，上面写着"为拥有科学王国最甜美的味道而自豪"。所有人都开始对那"甜美的味道"感到好奇。

"饭得多好吃才至于打出这么豪迈的广告啊？"

"我听说，这个饭店的老板有做饭的秘方。"

科学王国中众所周知的美食家高饭心十分好奇那甜美的味道。饭店还没营业，他就开始在饭店门前往里张望。

"到底有什么秘方啊？饭的味道得好到什么样才至于做这样的广告啊？哎哟，真是好奇死了。"

他在日历上做着标记，天天盼着美食花园赶快开业。

一周过去了，终于等到了饭店开业的日子。饭店一开门，人们就你拥我挤地进了饭店。高饭心第一拨冲进去，

甜甜的米饭

占了一个座位。

韩一顿美滋滋地看着拥进的客人们，开始上菜了。客人们激动地看着韩一顿把准备好的食物端上了桌。但是，端上来的只有米饭和一小碗酱油。人们觉得很荒唐，开始嘟囔起来。

高饭心也觉得有些荒唐，尝了一口米饭。"砰"地一声，他一边放下筷子，一边哭笑不得地喊着韩一顿："哎，我说老板……"

"是，先生，您有什么需要？"

"我说，到底是不是在做生意啊？这怎么能叫甜美的味道呢？"

听高饭心这么一说，其他客人也尝了一口米饭，然后开始议论起来："对啊。这不就是白米饭吗？"

韩一顿坚决地说道："白米饭？这话真让人郁闷……这分明是甜美的米饭。请好好品尝。"

高饭心郁闷地用拳头捶打着胸膛说道："真是的，米饭也就算了。其他的菜呢？不管是甜还是咸，总得有菜才能吃饭吧。"

旁边的客人插口说道："对啊。暂且不说菜，至少应该给碗汤，不是吗？"

"看来您是不知道吧？先生，汤是消化的大敌，是大

甜甜的米饭

敌。绝对不能提供汤。"

再次被韩一顿拒绝，高饭心一股无名火冲到了脑门。其他人也很不高兴，米饭一口没吃，就直接走了。有几个客人要求退钱。但是韩一顿说自己没有说谎，而且米饭已经上了桌，是不能退钱的。于是高饭心和几位客人以诈骗罪把美食花园老板韩一顿告上了生物法庭。

嘴里咀嚼米饭等富含淀粉的食物时，唾液中的唾液淀粉酶会将淀粉转化为麦芽糖。麦芽糖会产生甜味。

只吃米饭真的会有甜味吗？
让我们去生物法庭了解一下吧。

生物法庭

审 判 长：现在开庭。首先请原告方陈述。

盛务盲律师：尊敬的审判长大人，怎么会有饭菜味道这么差劲的饭店呢？

审 判 长：原告律师，请注意你的用词。

盛务盲律师：为什么每次都是我的不对？哼，反正我认为只给顾客一碗白米饭，用虚假夸张的广告让顾客受骗，不管被告是韩一顿还是韩两顿都应该受到惩罚。

审 判 长：作为律师，你连被告的名字都不知道？

盛务盲律师：那个重要吗？只要得出结论不就行了吗？

审 判 长：唉……真是受不了啊。请被告方辩护。

甜甜的米饭

BO 律 师：我方申请韩国大米研究所韩佳马所长
　　　　　出庭作证。

　　一位穿着改良韩服、身材魁梧的老人走上
了证人席。

BO 律 师：请证人简单地作一下自我介绍。

韩 佳 马：我是韩国大米研究所所长韩佳马，这
　　　　　些年一直致力于研究如何能让饭菜的
　　　　　味道更好。如果是关于饭的问题的
　　　　　话，我是最权威的专家。呵呵……

BO 律 师：好的，现在开始对证人提问。证人，
　　　　　你听说过"饭的味道是甜的"这句话
　　　　　吗？

韩 佳 马：当然听说过。人们可能不知道，其实
　　　　　我们一直吃的米饭本来就是甜的。呵
　　　　　呵……

BO 律 师：多么令人吃惊的事实！米饭本来就是
　　　　　甜的！米饭是由什么成分组成的？

韩 佳 马：米饭的主要成分是淀粉，淀粉属于碳
　　　　　水化合物。碳水化合物、蛋白质和脂

甜甜的米饭

肪是我们身体所必需的三大营养物质。其中，碳水化合物是由氧、氢、碳元素组成的化合物。

BO 律 师：原来是这样啊。那么是米饭中含有具有甜味的成分吗？

韩 佳 马：那倒不是。

BO 律 师：那么，为什么我们吃米饭时会有甜味呢？

韩 佳 马：那是因为嘴里有唾液。

BO 律 师：您是指米饭遇到唾液会产生甜味？

韩 佳 马：是的。我们吃饭的时候，嘴里的唾液会起到第一步消化作用。一旦我们嘴里吃进淀粉，唾液中的消化酶（名为唾液淀粉酶）就会将淀粉转化为麦芽糖。麦芽糖会产生甜味，所以饭吃起来是甜的。麦芽糖在小肠内进一步分解为葡萄糖，被人体吸收。

BO 律 师：啊！所以我们的身体如果营养失调的话，医生就会给我们滴注葡萄糖溶液。

甜甜的米饭

韩 佳 马：是的。对于消化困难的患者，通常会直接往其身体里滴注葡萄糖溶液。

BO 律 师：好的。我还想咨询一下关于被告提出的关于汤的问题。汤在消化中起到什么作用？

韩 佳 马：汤是消化的大敌。

BO 律 师：为什么呢？

韩 佳 马：因为吃米饭时喝汤的话，就会将嘴里还未消化完全的食物直接带到胃里。

BO 律 师：那由胃来消化不就行了吗？

韩 佳 马：有个词叫作"分工合作"吧。

BO 律 师：什么意思？

韩 佳 马：唾液对食物起到一定的消化作用之后，将食物送到胃里，由胃进行再次消化。如果将所有的食物都送到胃里，怎么能都消化完全呢？

BO 律 师：原来是这样啊。那么这场审判的结果已经出来了，不是吗？审判长。

审 判 长：现在宣布审判结果。首先，我们弄

甜甜的米饭

清楚了被告证人的证词，只有像米饭一样的碳水化合物才能产生甜味。但是，人光吃米饭就能生存吗？那样的话，为什么不是只吃米饭，而要在饭桌上摆上不同的菜呢？我想是因为米饭中缺少的营养物质，需要通过其他食物来进行补充。所以，我宣布今后美食花园要饭菜同时供应，并要开发出能够均衡提供人体所需营养物质的菜肴。

葡萄糖

大脑只由葡萄糖供能。尽管大脑与身体其他部位一样由蛋白质和脂肪构成，但能够为大脑供给能量的只有葡萄糖。但是，砂糖、饮料或是水果中含有的葡萄糖并不能为大脑提供能量。因为这些葡萄糖会迅速被身体吸收，然后转化为脂肪储存起来。那么大脑所需的葡萄糖是由什么提供的呢？能够为大脑供能的葡萄糖主要是米饭、面包和土豆等食物中的多糖类，通过消化缓慢释放出葡萄糖，就能为大脑所利用了。

智齿的保险

所有人都长智齿吗？

走进案件

最近科学王国爱我市的市长选举正如火如荼地进行着。虽然有很多候选人，但微笑党的金健齿和孤立党的安孤立之间的市长之争尤为激烈。但随着时间的推移，不知是不是因为安孤立不苟言笑的原因，她逐渐失去了民众们的支持。相反，微笑党的金健齿因为性格开朗活泼，经常笑脸相迎，给所有人都留下了很好的印象，因此赢得了民心。

最终在选举当天，金健齿以绝对的优势击败了安孤立，当选为市长。之后，他便开始兑现在竞选时作出的承诺。因为金健齿的健康的牙齿给其他人留下了深刻的印象，所以他想作出一个能够体现这一形象的承诺。

"嗯……，制定一个什么样的制度，才会让市民觉得我是一名优秀的市长呢？真伤脑筋。"

就在这时，他的妻子杨内助脸色阴沉，用手捂着脸颊

智齿的保险

走向他，说道："啊……呀……老公，我得去看牙医。智齿又疼了。"

金健齿市长眼睛一下子亮了。"是啊，就是那个。我怎么没想到呢？"

"你这个人可真是的。我的牙都疼死了，这个时候你居然说这些没用的？"

妻子牙疼，身为丈夫却在说着不相关的事，杨内助斥责着丈夫。但是金健齿市长并没在意，而是迫不及待地说出了自己的想法："我想到了一个好方法，能让其他人和我一样也拥有健康的牙齿和迷人的微笑！"

一听这话，他的妻子一时间似乎忘记了智齿的疼痛，瞪大了眼睛问道："什么办法？"

"就是'爱牙爱自己医疗保险'啊。"

"爱牙爱自己医疗保险？"

金健齿一下子从椅子上站起来说道："人们长智齿的时候常常会觉得很痛苦，但由于医疗条件不允许，只能忍着。有时候忍着忍着可能会把病情拖得更严重。别说像我这样咧嘴大笑了，恐怕只会脸色阴沉，痛苦不堪。我就准备为那些人出台这样一个'爱牙爱自己医疗保险'的政策。"

杨内助点头接着说道："这倒是个不错的想法。呵呵……这项义务性的医疗保险广泛普及后，在巩固你和蔼温柔形象的同时，还能减轻市民们治疗智齿的负担。这将会是个不错的制度。"

金健齿想到其他人也将和自己一样拥有健康的牙齿，不自觉地露出了笑容。所以在其当选市长之后，就向市民们宣布了他的第一项工作计划。但是事情并没有像他预想的那样，这项制度并没有得到市民们的积极响应。

李稀松奶奶不满地说道："像我们这些早就拔掉智齿的人，这保险费不是白交了吗……"

"我原来就没长智齿。我怎么能享受到保险的福利呢？"李无智埋怨道。

这样一来，在享受保险福利之前，先是增加了医疗保险的负担，因此家庭困难的市民们也是怨声载道。像李无智一样没长智齿的市民们甚至举行了抵制缴纳医疗保险费用的运动。市民们的不满日益增多，最终金健齿市长被送上了生物法庭。

乳牙脱落掉后，会长出32颗恒牙，恒牙是不会再更换的。智齿是最后长出来的牙齿，上下左右共4颗。不长智齿的人口数量占全世界人口总数的7%左右。

所有的人都长智齿吗?

让我们去生物法庭了解一下吧。

生物法庭

审　判　长：现在开庭。首先请被告方辩护。

盛务盲律师：尊敬的审判长，您知道这位是谁吗?
科学王国内以健康牙齿为傲的爱我市
市长——金健齿。

审　判　长：所以呢，怎么了?

盛务盲律师：怎么了? 没有再讨论的必要了。他为了
市民们牙齿的健康，比任何人都尽心尽
力，他不应该是今天庭上的被告。

审　判　长：现在好像不是谈论被告业绩和人品的
时候。请律师举出恰当的证据为被告
辩护。

盛务盲律师：据我调查所知，包括我家在内的前后

智齿的保险

左右邻居家所有的人都长智齿。世界上哪有不长智齿的人啊？

审 判 长：唉，真是……别再说那些让人无奈的辩词了，请原告方陈述。

BO 律 师：我方申请金牙牙科院长崔金牙出庭作证。

一位高个子的女医生迈着矫健的步伐走了上来。她一张嘴，嘴里就发出闪闪金光。原来，她镶了一口的金牙。

BO 律 师：请问证人，牙齿的作用是什么？

崔 金 牙：食物消化之前，首先要经过牙齿的咀嚼。通过牙齿咀嚼，食物被嚼碎。牙齿有很多种类，作用也不同。门牙主要是起到切断食物的作用，尖锐的虎牙主要是为了撕扯食物，而磨牙则是像磨石一样起到磨碎食物的作用。

BO 律 师：原来是这样啊。那么人一般到多大的时候开始长牙呢？

崔 金 牙：一般来说，人出生后七个月开始长

智齿的保险

牙。那时长出的牙齿叫作乳牙，三岁时，大概能长出20颗乳牙。

BO 律师：那么，乳牙会一直存在吗？

崔金牙：不，在六岁左右，乳牙会全部脱落，并长出32颗恒牙，恒牙会一直保留。智齿是最后长出的牙齿，上下左右共4颗。

BO 律师：是这样啊。那么，对于有些人说自己不长智齿的观点，您是怎么看的？

崔金牙：我们机构的调查结果显示，全世界不长智齿的人约占7%。四个智齿都长的人约占全世界的60%。

BO 律师：是这样啊，有人不长智齿啊。我因为拔智齿遭了四次罪呢。尊敬的审判长，制度面前，人人平等。但这项制度对于不长智齿的人是不公平的。因此，我认为应立即终止该项制度。

审判长：我也是这样想的。既然有的人不长智齿，为什么还要义务性地缴纳保险费呢？这当然不像话。希望金健齿市长

智齿的保险

在今后不要只是想着通过智齿保险赢取民心，而是要多开展些有益于市民身体健康的活动。

智齿

据说智齿名字的由来是因为智齿生长的时间大多数是20岁左右，这个年纪正是智力逐渐成熟的时候，所以起名为智齿。智齿共四颗，上下左右各一颗。随着人类的不断进化，现代人颌骨变小，智齿很难在原来的位置上生长，因此智齿埋在牙龈里的情况增多，所以，长智齿或是拔智齿会很疼。世界上约有7%的人不长智齿。

不长胆囊的獐子

獐子为什么不长胆囊？

"您说什么？今天也没有？"

池聪聪同学快要急疯了。要用来解剖的动物已经预定了好几天，今天还是没有拿到。

承诺今天一定会抓到动物的金狩猎也觉得很没面子。"不知道是不是因为天变凉了，最近几天一只动物都没看见。唉……"

走进案件

池聪聪是科学王国第一学府糊弄大学兽医系的学生。为了准备几天后的期末考试，他决定买一只实习解剖用的动物，了解一下动物的消化器官。但是，科学王国为了保护野生动物，规定只有持有许可证的人才可以捕捉野生动物，并且限制了捕捉野生动物的数量。所以，十天前池聪聪花重金请有捕猎资格的金狩猎帮他捕捉野生动物。但是，十天过去了，还是杳无音讯。现在距期末考试只剩下十天时间了，池聪聪只好上门催要。要是再继续等下去的

不长胆囊的獐子

话，别说解剖了，说不定连动物都没看到，就得参加考试了。一想到这里，池聪聪决定从明天起自己拿着气枪到后山去碰碰运气。就在这时，电话铃响了。

"铃铃铃……"

"喂？"

"抓到了！抓到了！虽然是一只小獐子，但挺壮实的。实习用的话，应该没问题。"

"真的吗？谢谢！我这就过去。"

池聪聪迫不及待地来到金狩猎家，带着獐子去了实验室。

"獐子啊，对不起了。但是为了更多其他的动物，我只能牺牲你了。一路走好吧！"迟聪聪为獐子祷告了一会儿后，按照课堂上学的方法开始解剖獐子。他通过解剖，正确记忆了各个器官的位置，并和所学的内容作了比较。但是，他突然发现獐子竟然没有胆囊。

"咦？奇怪了。怎么会没有胆囊呢？是因为这只獐子太小没长胆囊？没有道理啊……"

不管池聪聪怎么翻找，就是找不到胆囊。这时，他的脑海里闪过一个想法："难不成是金狩猎偷偷拿走了？"

最近科学王国到处流传着非法捕猎者偷挖各种动物的胆囊用于强身健体的传言。池聪聪百思不得其解，越想越觉得奇怪。

　　"是啊，真是奇怪。又不是业余狩猎者，身为专业狩猎者的金狩猎，都过了十天了，才抓只獐子给我，不可能啊。有点蹊跷……"

　　于是池聪聪向警察报案，来调查此事。金狩猎听到消息后，也以名誉诽谤罪起诉了池聪聪。最终，此案件交由生物法庭受理。

因为獐子以吃草为生，不摄取脂肪，所以有助于消化脂肪的胆汁对于獐子来说并不那么重要。因而由肝脏分泌的胆汁没有储存的必要，便随时通过小肠排出。结果獐子的胆囊就逐渐退化并消失了。

獐子的胆囊到底到哪里去了呢？
让我们去生物法庭了解一下吧。

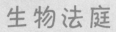

生物法庭

审　判　长：现在开庭。首先请被告方辩护。

盛务盲律师：最近大家都想强身健体，所以买卖野
　　　　　　生动物脏器的行为尤为盛行。金狩猎
　　　　　　就是罪犯之一。

审　判　长：盛务盲律师！

盛务盲律师：金狩猎不但不悔悟自己犯下的罪行，
　　　　　　还不知廉耻地以名誉诽谤罪诬告善良
　　　　　　的池聪聪同学。审判长，这种人根本
　　　　　　不用审判，直接……

审　判　长：盛务盲律师……

盛务盲律师：是？

审　判　长：你再说这些没有根据的辩词的话，我不

不长胆囊的獐子

管你是律师还是谁，立刻给我出去。

盛务盲律师：审判长……是。

审　判　长：嗯，请原告方进行陈述。

BO 律　师：我方申请解剖学博士赵解剖出庭作证。

赵解剖博士的一头长发蓬松杂乱，怀里
还抱着一个头颅模型，坐在了证人席上。

BO 律　师：证人，您教了几年解剖学了？

赵　解　剖：二十年了。坐在那儿的池聪聪也听过
　　　　　　我的课。作业课题也是我布置的。

BO 律　师：是这样啊。这个事件的导火线是胆
　　　　　　囊，那么请问胆囊的作用是什么？

赵　解　剖：胆囊是储存肝脏分泌的胆汁的地方。

BO 律　师：那么胆汁的作用又是什么呢？

赵　解　剖：胆汁帮助将大的脂肪团消化成小的脂
　　　　　　肪团。

BO 律　师：那么，为什么池聪聪同学解剖的獐子
　　　　　　没有胆囊呢？是有人将胆囊拿走后，
　　　　　　再重新给缝上了吗？

不长胆囊的獐子

赵　解　剖：不是那样的。獐子本来就没长胆囊。

BO　律　师：有不长胆囊的动物吗？

赵　解　剖：獐子不就是没长胆囊的动物吗？

BO　律　师：真的吗？

赵　解　剖：是的。

BO　律　师：为什么没有呢？

赵　解　剖：因为獐子以吃草为生，不摄取脂肪，所以胆汁的作用并不明显。由肝脏分泌的胆汁没有储存的必要，所以胆囊就慢慢退化了。所以说，现在大家正在为本来就不存在的胆囊打官司。

BO　律　师：我们真是太无知了。

审　判　长：什么？这种案子也拿来上诉？生物法庭有那么多需要审判的案例，居然为这种案件浪费时间。看来以后医生们有必要了解一下动物和人体之间的差异，特别是食草动物与人体之间的差异。人体的胃只有一个，而牛的胃却有四个。如果在研究人体的胃时，

不长胆囊的獐子

去解剖牛的胃来看，这有可比性吗？当然最好的办法是解剖人体本身。但是，如果不能那么做的话，用一只与人体构造相似的动物进行解剖研究不是也很好吗？

食草动物和胆囊

很多食草动物没有胆囊。尽管其确切原因并不为人所知，但有几种可能性。首先，在野生环境里，食草动物吃草，摄取的食物中几乎不含脂肪成分。还有很多人持有这样的观点：因为食草动物一天到晚都在吃草，摄取的食物从胃里一点点慢慢送到小肠里，胆汁不必储存起来，而是直接由肝脏分泌之后输送到小肠里就可以了。因为胆囊变得没用，所以就退化了。

远厕村的便池

厕所异味的主犯是谁？

科学王国的边境上有一个安静的小村庄——远厕村。村里的厕所离村子很远，又因为只有那一个厕所，所以每天都会看见有人心急火燎地往厕所跑。这个厕所由于有3000年历史，所以被国家指定为保护性建筑，并规定周围地区不允许再修建其他厕所。

走进案件

"每天都是厕所战争啊。"

"就算是被指定为保护性建筑，也不能让整个村庄都使用一个厕所啊，这像话吗？"

人们都到村里最贤明的老人杨便基那里诉苦。杨便基老人听到大家的苦衷后，想到了一个好主意。他在村子中央建了一个巨大的公用便池，以供人们方便。中间用隔板隔出横竖一米左右的空间，一天即使有100人去那里小便，也不会出现拥挤的现象。自从有了这个便池，人们终于可以不用再跑到那么远的厕所方便了。所有人都很爱惜这个

远厕村的便池

便池，所以每个月大家都会去清理一次。

"幸好有这个便池，方便了不少啊。"

"是啊，现在这里都成我们村的'名胜'了。呵呵"

杨便基老人和妻子远远地看着便池，露出幸福的笑容。

有一天，从邻国斯泰格共和国的旅游者W来到了远厕村。在很难见到外国人的远厕村，来了一位高个子、金头发、蓝眼睛、高鼻梁的外国人，因此他很快成了村里的名人，一下子吸引了很多人的眼球。

"你好，我叫W。"他用蹩脚的当地方言和人们打着招呼。人们觉得很好奇，盯着他一直看。他好像也不讨厌那种眼神，挥手跟人们打着招呼。

但是，这里让W唯一觉得不满意的一点，就是这个村子是素食主义村。

"嗯，这里的人怎么只吃青菜生活呢？"

W寄宿的人家提供饭菜，但他无肉不欢，特别喜欢吃牛排，而不喜欢这里像草一样的饭菜。所以他自己打猎烤肉，每天吃着牛排。

W来了之后，便池里便开始有一股从未有过的难闻的臭味。刚开始人们找不到原因，把便池刷洗得干干净净，在阳光下晾晒杀菌消毒。但是便池里还是发出一股臭味。

人们开始嘀咕是从W来这之后，臭味开始变浓的。所以人们不再高兴地和W打招呼了。他们瞪着W，有时还在背后指指点点。更糟糕的是，随着天气变热，便池的臭味蔓延到了整个村庄。

村庄的人们实在无法再忍受了，他们找到W，拜托他快点离开这里。但是W坚决否认那是他的味道，气氛变得十分紧张，稍有不慎，都能动起手来。这时，村长出面将此事委托给了生物法庭。

碳水化合物、蛋白质和脂肪是我们人体所需的营养物质。其中，蛋白质分解会生成氨气。但是氨气又转换成尿素，尿素汇集在尿液中被排出，散发出气味，这种气味就是尿液的气味。

在远厕村制造臭味的人到底是谁？
让我们去生物法庭了解一下吧。

生物法庭

审 判 长：现在开庭。首先请被告方辩护。

盛务盲律师：尊敬的审判长，不管是谁，只要是人都会排泄。被告也是一样。又不是有意要那样，只是吃饭后排泄而已，这是不是太过分了？而且，那又不是别的地方，是大家都可以去的公厕，调查那个气味是谁的干什么？是不是没有太大的意义啊？

审 判 长：请原告方陈述。

BO 律 师：我方申请屁味研究所的卞英石研究员出庭作证。

随后，一个长相凶巴巴的男人，身上散发着臭气，手里拿着捅马桶的工具，坐在了证人席上。

BO 律 师：证人，您这几年研究了很多人的排泄

远厕村的便池

物吧？您是否见过气味特别大的排泄物和气味不太大的排泄物呢？

卞 英 石：当然。每个人尿液的气味都不一样。

BO 律 师：那么让尿液发出臭味的原因是什么呢？

卞 英 石：碳水化合物、蛋白质和脂肪是我们人体所必需的营养物质。其中，碳水化合物和脂肪分解，生成二氧化碳和水。

BO 律 师：那蛋白质呢？

卞 英 石：碳水化合物和脂肪是氧、氢、碳的化合物，而蛋白质是氧、碳、氢、氮的化合物。

BO 律 师：还有氮。那和气味有什么关系呢？

卞 英 石：当然有关系。蛋白质分解除了会生成水、二氧化碳之外，还会生成氨气。但是，氨气对身体有害，所以肝脏将其转化成害处较小的物质——尿素。

BO 律 师：肝脏真是做了件好事啊。那还会产生气味吗？

卞 英 石：是的，气味很大。尿素会汇集在尿液中，发出气味，那就是我们常说的尿液的臊味。

BO 律 师：那也就是说，摄取的蛋白质越多，尿液的臊味会越重了。

卞 英 石：是的。

BO 律 师：审判长，我带来了村庄村民的食谱和被告的食谱。

审 判 长：哦……被告吃的肉食确实很多啊。

BO 律 师：是的。

审 判 长：那么，审判结果很明确了。因为吃的肉食多，体内的蛋白质多，所以产生的有异味的物质就多。所以制造气味的主犯是W。现在，W有两个选择，要么离开村庄，要么少吃点肉食。这个由W自己决定。

肝脏的解毒作用

肝脏有很多的作用，其中之一就是将体内产生的废物或从外部吸收的物质中无法排出体外的有毒部分进行解毒。解毒后产生的废物主要通过小便或是胆汁排泄。如果没有这个解毒过程，废物和有毒物质就会在体内堆积，产生严重的副作用，甚至还会危及生命。

不会被胃酸分解的胃？

不会被胃酸分解的胃？

胃壁黏膜起到了什么作用？

走进案件

今天，刚成为大学教授的生物学者晟唔还在不断地做着研究实验。他的实验服已经很脏了，甚至很难看出原来的颜色是白色。

"等一下，蝌蚪长大后变成青蛙，所以……"

晟唔一直认为自己研究得很认真，但在别人看来，他总是有些毛躁。今年，晟唔教授为了能取得更高的学术成就，又盲目地投身到实验之中。

"找到了！找到了！助教，快来看。"

罗节男助教板着脸不情愿地走了过去："教授，您叫我？"

"我知道了。我终于发现蝌蚪在长成青蛙的过程中尾巴会退化消失了。"

罗助教脚下踩空打了个趔趄，茫然地看着晟唔教授，费力地说道："那个……教授啊……"

不会被胃酸分解的胃？

"嗯，我的实验结果很让人吃惊。你很受冲击，是吗？"

罗助教长嘘一口气接着说道："不是，只要是见过青蛙的人好像都知道那个事实，哪怕只见过一次。"

一瞬间，晟唔教授脸色煞白，无力地低着头说："是啊。我怎么没想到那个？"

看到教授失望的表情，助教只好微笑着安慰道："加油，教授！我觉得您好像不适合研究两栖类。"

"是吗？"

"是的。现在您还是回来继续研究哺乳类吧。"

晟唔教授脸色马上又变得好看起来。他往研究室走去："哈哈……好，再重新开始研究"

罗助教看着教授的背影无奈地摇了摇头："真不知道教授什么时候才能成熟啊。"

重新打起精神的晟教授仔细地翻阅起了专业书籍。突然，他如获至宝般地阅读起了《危险的人体》一书。他认真地读了好一阵儿，发现其中有一部分内容是介绍身体脏器的，他一下子瞪大了眼睛。书中介绍说因为胃中有强盐酸，所以能够分解所有的有机物。

"这根本就不对……"

他忽然从座位上站了起来。书桌上堆放的其他书籍一

不会被胃酸分解的胃？

下子都滑落到了地上，但教授却丝毫没在意。

"这根本就不对。人的身体中有那样的强酸，这像话吗？那样的话，胃不也被分解了？到底是哪个蠢人写的书啊？"

他打电话到出版社，要求立刻修改书中的内容。但是出版社完全没理会晟教授提出的意见。于是晟教授将出版社告上了生物法庭。

胃酸是强盐酸，所以能够分解食物。但胃黏膜将食物和胃壁直接隔开，黏膜持续分泌黏液，阻挡了胃壁与胃酸的接触，因此胃不会被分解。

43

我们的身体中真的有强酸吗？
让我们去生物法庭了解一下吧。

生物法庭

审 判 长：现在开庭。首先请原告方陈述。

盛务盲律师：这次审判，我方赢定了。

审 判 长：法庭上哪有不审判就知输赢的？

盛务盲律师：请试想一下，胃中有强酸？谁会相信
那种无稽之谈？而且，原告是研究这
个领域的专家，他在这方面的知识多
么丰富啊！哇哈哈……

审 判 长：虽然是那样，但现在好像不是你在那
儿偷笑的时候……

盛务盲律师：我认为这个案件没有辩论的必要，我
就不说什么了。

审 判 长：那就没有办法了。请被告方辩护。

不会被胃酸分解的胃？

BO 律 师：我方申请专业消化科医生赵胃肠出
庭作证。

一位长相清秀的四十五六岁的中年男子拿着
一个巨大的胃肠截面模型，费力地走向证人席。

BO 律 师：赵胃肠，请您先介绍一下胃，好吗？

赵 胃 肠：胃是消化器官，它如同一个上大下小
的口袋，每个人的胃的大小和自己的
鞋差不多大。

BO 律 师：胃里能装下多少食物？

赵 胃 肠：每个人都不同。一般成人的胃里大约
能储存1.5升的食物。胃在不吃饭的
时候会缩小，有很多皱褶。但吃饭的
话，胃就会被撑开。但是，吃得太多
的话，胃是装不下的。

BO 律 师：胃中的食物会怎么样呢？

赵 胃 肠：在胃中，经过牙齿咀嚼磨碎的食物与
胃液混合。胃液会把食物分解成比1毫
米的细粒还要小的"稀粥"的程度。
一般来说，饭会在胃里停留2~3小时，

不会被胃酸分解的胃？

肉会在胃里停留3~4小时。然后半消化的食物会被送到小肠里。食物并不是一下子被送到小肠里的，而是时隔15~20秒一点点地被送到小肠里的。

BO 律 师：胃是什么样子的？

赵 胃 肠：胃壁上有很多皱褶，皱褶之间有分泌胃液的胃腺。胃液由胃酸和消化酶构成。胃每天大约产生两升的胃酸。胃液中有一种叫作胃蛋白酶的消化酶，这种消化酶能够充分地分解蛋白质。

BO 律 师：现在回到本案的正题。既然产生了胃酸，那胃为什么没被分解呢？

赵 胃 肠：胃酸是强盐酸，能够分解食物。之所以产生胃酸而胃却没有被分解，是因为胃内壁有黏膜。胃黏膜将食物和胃壁直接隔开，黏膜持续分泌黏液，阻挡了胃壁和胃酸的接触，因此胃不会被分解。

BO 律 师：原来是这个原理啊。

审　判　长：现在宣布审判结果。现在我们都清楚
了胃不会被胃酸分解的原因，这可以
看作是人体的一个神奇之处。所以本
案的结论是晟唔教授的观点是没有科
学依据的。

加重腹泻的食谱

加重腹泻的食谱

为什么会腹泻呢？

走进案件

最近，军人出身的崔腹泻忧心忡忡。因为他唯一的独生子崔弱骨每天都被同学欺负。与肌肉健壮的崔腹泻相反，崔弱骨从小体质就弱，很瘦小，这让崔腹泻很心疼。因为儿子瘦弱的体质，崔腹泻苦恼了很久，最终他决定增强儿子的体质，将他送到了以严厉训练而出名的训练营训练一个星期。

但是，到了要送儿子去训练营的早上，崔弱骨腹泻得很厉害："啊……爸爸，肚子实在太疼了，我去不了训练营了。"

崔腹泻虽然心疼，但怕儿子不去训练营，所以故意装作发火的样子："别在这儿装柔弱。如果是个男子汉的话，那点疼算什么。别啰嗦，还是快点准备去训练营吧。"

崔腹泻去药房买来止泻药，让儿子吃下，然后直奔训

加重腹泻的食谱

练营场。把儿子送到训练营后，崔腹泻还是觉得不放心，瞒着儿子跟其中一名教官说道："我儿子身体很弱，今天还拉肚子，麻烦您特别照顾一下。"

"嗯……别担心。"

戴着红色帽子的赵交林教官好像有点不耐烦，他把崔腹泻的话当成了耳旁风。崔腹泻总觉得有些不放心，又强调了一回："我儿子今早拉肚子了，希望您能在他的饮食方面费费心。拜托您了。"

赵交林教官瞥了一眼崔腹泻说道："既然把孩子委托给我们了，就别再担心了，放心等着吧。我们会把他塑造成为一个身心健康的孩子的，请不要担心。"

崔腹泻从训练营出来后，心里仍觉不安，但还是离开了。

一周后，训练结束了，崔弱骨回到了家。与崔腹泻所期待的不同，崔弱骨比去之前更瘦弱了，脸颊都凹陷进去了，露出了颧骨。问过儿子才知道，教官不但没有照顾过他，而且由于训练营的食谱都是紫菜、海带、裙带菜之类的，腹泻更厉害了。崔腹泻气坏了，气呼呼地找教官去了。

"这是怎么回事？说是要将孩子锻炼得结结实实，结果从训练营回来后，孩子的病却更严重了，这像话吗？"

加重腹泻的食谱

教官们一点都不惊讶，泰然自若地说道："崔弱骨的父亲，您儿子身体本来就很瘦弱，刚才那样说就不对了。"

"这和身体瘦弱是两回事。当初，我提前跟您打过招呼，孩子拉肚子了，希望您能给予照顾。结果您根本就没当回事，也没在饮食上给予照顾。"

但是，教官们只是说任何人都不能有特殊待遇，丝毫没有抱歉之意。崔腹泻很生气，以造成儿子腹泻加重并出现脱水症状为由，将训练营举办方告上了生物法庭。

人体每天往大肠输送2.5升左右的水。这些水大部分被大肠吸收，当大肠不能吸收这些水时，就会通过大便的方式排出体外，这就是腹泻。腹泻时应禁食像紫菜、海带之类的含有丰富纤维素的食物。

是训练营的食谱使崔弱骨的腹泻加重了吗？
让我们去生物法庭了解一下吧。

生物法庭

审　判　长：现在开庭。首先请被告方辩护。

盛务盲律师：亲爱的审判长，希望您能听听我的看法。

审　判　长：别说那些让人起鸡皮疙瘩的话，还是开始陈述辩护意见吧。

盛务盲律师：又是这样，怎么天天都看我不顺眼……

审　判　长：在那嘀咕什么呢？

盛务盲律师：啊？呵呵……没事，没事。

审　判　长：如果没有什么可说的了，就请BO律师开始陈述吧。你以为会一直等你啊？

盛务盲律师：不，不……现在开始陈述辩护意见。这分明是崔腹泻在耍赖。为了让儿子吃苦，才把儿子送到训练营的，现在还起诉人家举办方？这根本就不像话啊。不是吗？审判长。

加重腹泻的食谱

审 判 长：别再说那些不像话的辩护意见了。请原告方陈述。

BO 律 师：在开始陈述辩护意见之前，我申请证人张昌子出庭。

审 判 长：同意。请证人出庭。

BO 律 师：证人，首先请先简单地介绍一下自己。

张 昌 子：我是张昌子博士，从事消化器官的研究已经有40年了。

紧接着，一位白发苍苍的老医生走上了证人席。

BO 律 师：感谢您在百忙之中出庭作证。

张 昌 子：嗯，不用那么客气，呵呵……

BO 律 师：首先，我想提一个问题。到底为什么会出现腹泻？

张 昌 子：因为大肠里有过量的大肠杆菌。

BO 律 师：那么大肠杆菌的作用是什么？

张 昌 子：分解没有消化完的食物。

BO 律 师：那为什么会出现腹泻呢？

生物法庭 7 智齿的保险

加重腹泻的食谱

张 昌 子：人每天输送到大肠的水量大概是2.5升，其中有2.4升应由大肠吸收。

BO 律 师：那剩下的呢？

张 昌 子：剩下的排出体外。但是如果大肠杆菌过多的话，产生的水就会变多，大肠无法正常吸收，就会通过大便排出，出现腹泻。

BO 律 师：大肠吸收水的容量是有限的吗？

张 昌 子：当然。大肠最多能吸收5.7升的水。所以如果输送到大肠的水多于5.7升，就会使大便中的水增多，形成腹泻。

BO 律 师：原来是因为水没有被吸收，大便变稀了啊。

张 昌 子：是那样的。

BO 律 师：那么，腹泻时应该少吃哪些食物呢？

张 昌 子：腹泻是身体中的水分不断排出的过程，所以为了防止脱水，应该补充水分。而且，应该禁食海带和紫菜等含有丰富纤维素的食物。

关于消化的案件

加重腹泻的食谱

🙂 BO 律 师：这是训练营的食谱。里面有富含纤维素且不利于缓解腹泻的食物吗？

🙂 张 昌 子：有很多啊。紫菜、裙带菜、海带等都是含有大量纤维素的食物，这些食物对缓解便秘有益，但是对于腹泻来说是有害的。

🙂 BO 律 师：原来是这样啊。那样的话，本案归咎于训练营的主办方是毋庸置疑的了。

🙂 审 判 长：现在宣布审判结果。大人们应该竭尽所能，帮助成长中的孩子远离疾病，健康成长。从这一点来看，我认为训练营的主办方有必要将腹泻的孩子、便秘的孩子和正常的孩子的食谱区别制定。因此判定训练营的主办方赔偿崔弱骨的损失。

纤维素

南瓜、菠菜、竹笋等含有大量的纤维素。食草动物通过体内的一种叫作纤维酶的消化酶消化草中的纤维素。因为人体内无法形成纤维酶，所以无法消化纤维素，而是通过大肠中的大肠杆菌分解。

纤维素吸收水分的能力特别强，能够吸收比自己重量还重的水分，促进肠道的运动，有利于缓解便秘。

婴儿的大便是绿色的？

婴儿大便的颜色不一样是为什么？

走进案件

赵得女和荣世民已经结婚两年了。作为新婚夫妇的他们虽然日子过得并不宽裕，但两人很相爱，也很幸福。

有一天，赵得女特别想吃点带酸味的东西，去医院检查，发现已经怀孕三个月了。那天晚上，赵得女对荣世民说道："亲爱的，你知道我为什么总想吃带酸味的东西吗？"

"什么？难不成……你？"

"呵呵……"

"啊！太好了！老婆你辛苦了！"

荣世民听到妻子怀孕的消息，异常高兴。但与此同时，也出现了一个新的问题。那就是孩子的抚养费用问题。赵得女看出了荣世民的担忧，安慰道："亲爱的，别太担心了。我会想办法省着花钱的。"

婴儿的大便是绿色的？

荣世民攥紧拳头，站起来说道："嗯，让我们为了宝宝，一起更加努力吧。"

那天之后，荣世民更加努力地工作，对妻子的照顾也更加细心了。赵得女在家中，看到的、听到的都是开心的事情，幸福地等待着孩子的降临。

一个月、两个月过去了，赵得女的肚子一天天地鼓起来了，终于盼来了预产期，她选择了一家价格便宜的顺产医院。顺产医院的院长金顺风微笑着说道："呵呵，您来这里就对了。现在哪里还有像我们医院这么便宜的地方啊？大家追求的那些高级奢华的东西都没多大用。我们为产妇和婴儿着想，只缴纳必要的费用就行，所以价格便宜，一点都不用担心。"荣世民和赵得女相信了院长的话，办理了住院手续。

第二天，赵得女一开始阵痛，就被推进了分娩室。

"啊啊啊……"

"再使点劲，快点！"

"啊！要死了，啊啊啊……"

听着分娩室里妻子痛苦的叫喊，在外面的荣世民不时地往里面张望，不知如何是好。

"哇……"

终于听到了期盼已久的孩子的哭声，荣世民流下了激

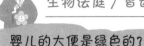

婴儿的大便是绿色的？

动的泪水。

"啊，我当爸爸了……"

护士抱着婴儿走出了分娩室："恭喜您！是个漂亮的小公主。"

"产妇还好吧？"

"是的，产妇很好。请您在外面稍候。"

荣世民虽然很想多看孩子几眼，但还是忍住了。

第二天，一到探视时间，荣世民就跑去育婴室看孩子。荣世民看到孩子尿不湿上的大便，吓了一跳，大便竟然是绿色的。

"啊？这是怎么回事？孩子大便的颜色不是黄褐色，居然是墨绿色……"

荣世民吓坏了，他找到接生医生讨说法。

"婴儿大便的颜色本来就是这种绿色的。您不必担心。呵呵……"

看到金顺风并没把这当回事，荣世民气急了。

"不管是大人还是小孩，大便的颜色都应该是黄褐色的，究竟是给孩子吃了什么？大便的颜色居然会是绿色。我无法再相信这里的大夫了。"

荣世民带着妻子离开了医院，并把顺产医院的大夫告到了生物法庭。

　　婴儿大便的颜色是墨绿色的。这是因为胎儿在妈妈子宫里时会吞咽羊水，到达肠道后混合着胆汁，由于胎儿的肠道里没有细菌，因而胆汁的颜色依然保持为墨绿色，所以婴儿大便的颜色是墨绿色的，这是十分正常的现象。

婴儿大便的颜色为什么不是黄色的呢?
让我们去生物法庭了解一下吧。

生物法庭

审 判 长： 现在开庭。首先请原告方陈述。

盛务盲律师： 虽然贫穷但很幸福的荣世民、赵得女
夫妇，他们因为看不惯这个医院的无
赖行为，决定鼓起勇气，向法庭提出
起诉。

审 判 长： 别说没用的，还是开始陈述辩护意见吧。

盛务盲律师： 是。首先，这个医院在没有得到许可
的情况下，以低廉价格吸引贫穷的产
妇，然后不提供应有的服务，凭这一
点就应该受到法律的制裁。

审 判 长： 好的，下面听一下被告方的辩护意见。

BO 律 师： 我方申请排泄物研究机构——排泄通
研究所的黄金便博士出庭作证。

审 判 长： 同意。

婴儿的大便是绿色的？

　　一位亲切和蔼的中年妇女，略带羞
涩地走上了证人席。黄金便博士脸涨得
通红，害羞地低下头。

BO 律 师：感谢您在百忙之中前来出庭作证。首
　　　　　先，我想知道大便的颜色为什么会是
　　　　　褐色的？

黄 金 便：那是因为食物中掺杂着绿色的胆汁，
　　　　　在经过大肠时，胆汁在大肠杆菌的作
　　　　　用下变成了褐色。

BO 律 师：胆汁是从哪里分泌出来的？

黄 金 便：胆汁是由肝脏分泌出来的，它被储存
　　　　　在胆囊里，通过胆管输送到十二指
　　　　　肠。在十二指肠中，胆汁和食物掺杂
　　　　　在一起。

BO 律 师：那么刚刚出生的婴儿不会分泌出胆汁吗？

黄 金 便：会分泌胆汁，但是这时的婴儿肠道里
　　　　　没有大肠杆菌。胎儿在母体子宫里时
　　　　　会吞咽羊水，到达肠道后混合着胆
　　　　　汁，而由于胎儿肠道里没有大肠杆

婴儿的大便是绿色的?

菌，胆汁不会变成黄褐色，因此新生婴儿的粪便就是胆汁原来的颜色——墨绿色。

BO 律 师： 所以说婴儿的大便本来就是墨绿色，这是很正常的现象。

黄 金 便： 是的。大约4天后，大便的颜色就会变为黄褐色，所以不用担心。

BO 律 师： 原来是这样啊。

审 判 长： 本案宣判如下。正如证人说明的那样，因为婴儿的大肠中没有大肠杆菌，所以婴儿大便的颜色与大肠中含有大肠杆菌的成人的大便的颜色不同。所以，我认为接生医生没有任何责任。

羊 水

孕妇的子宫里有一层叫作羊膜的薄膜，里面装满了羊水，胎儿在羊水中生长。羊水的成分和海水相似。羊水不仅能够阻挡外部冲击来保护婴儿、阻隔细菌感染，在分娩时还会成为打开宫颈口的力量。

因为羊水中混有许多从胎儿身上排泄出来的物质，所以通过羊水可以知道胎儿的染色体有无异常，或者是否被感染。

臭屁的骚动

为什么喝牛奶、吃肉的话，屁味会更难闻？

今年也和往年一样，科学王国各地村庄的特产形象小姐，为了宣传本村的特产而四处奔波。

科学王国今年把饲养奶牛的村民聚集在一起，组成了新的村庄，起名叫作哞哞村。然而，哞哞村却没有自己的特产形象小姐。

走进案件

哞哞村这个牛奶生产基地的牛奶产量占全国牛奶生产总量的99%。以生产大量牛奶而引以为傲的哞哞村当然要选出村庄的形象小姐——牛奶小姐，所以今年召开了第一届"'我是牛奶小姐'选拔大赛"。

选拔大赛当天，哞哞村里漂亮的少女都聚集到了村庄会馆，在那里等待海选。村长崔元牛走上了讲台，开始介绍本次大赛的日程安排："我们哞哞村，从今年起为了更好地宣传我们的牛奶和奶牛，决定今天在这里选拔美貌和智慧兼备的牛奶小姐。"

"哇……"人们和着欢迎进行曲欢呼起来。

臭屁的骚动

"安静，安静，首先说一下日程安排。通过今天第一次选拔的小姐要进行三天的集训。我们将提供用于饮食、按摩、洗浴的最优质的牛奶，主食将是用最优质的牛里脊制作的牛排。"

"哇……"人们不禁流下了口水。

"三天后，通过预选的七名小姐将进行最终的决赛。她们将在大家面前展现自己的美貌和智慧，选拔出最高荣誉'牛奶小姐'的前三名。"

"哇……"崔元牛村长介绍完大会日程安排后，村庄会场里发出了雷鸣般的叫喊声，声音似乎能掀开屋顶。

那天之后，候选小姐在宿舍中每天都只吃牛排、喝牛奶，天天专心地为选拔大会做着准备。

终于，到了宣布最终参加决赛的七名选手的名单的时刻了。

"23号参赛者——车艳牛"

"天啊，太好了，太好了。"

"33号参赛者 ——孙粉牛"

"啊，啊……"

"34号参赛者—— 刘芝芳"

"是！"

……

臭屁的骚动

候选者们真是悲喜交加。被选中的这七位小姐真是比任何人都热情地喝着牛奶、吃着牛肉，全身心地投入大会的选拔之中。

决赛开始了，最终候选者都走上了舞台。突然，不知从哪里发出了放屁的声音。

"噗……"

不知道是不是因为紧张，那个候选者放屁的声音特别大。

"噗！"

"噗！"

"噗！"

各处响起了候选者们放屁的声音，大会现场乱作一团。观众们笑得前仰后合，候选者们害羞地逃下了舞台。有个候选者甚至在一个角落里大哭起来。情况也变得更加糟糕了。

"这是什么气味啊？"

屁味太难闻了，刚才还在大笑的观众眉头紧锁，离开了座位。最终，"我是牛奶小姐"大会办得一塌糊涂。候选者们后来得知是因为大会期间只吃牛肉、喝牛奶造成的放屁，就将大会的主办方告上了生物法庭。

屁味格外难闻的原因是蛋白质。蛋白质分解会生成吲哚和粪臭素等物质，发出臭味。肉、鱼和牛奶中含有丰富的蛋白质，因而吃多了这些食物后，屁就会非常臭。

这个悲喜交加的放屁事件的原因到底是什么呢？

让我们去生物法庭了解一下吧。

生物法庭

审 判 长：现在开庭。首先请被告方辩护。

盛务盲律师：屁是自己放的，难道是大会主办方让你放的吗？自己放屁埋怨别人还不够，居然还把人家给起诉了，这真是让人搞不懂。

审 判 长：淡定，淡定，请继续陈述辩护意见。

盛务盲律师：呼……好的。仅仅因为吃了肉、喝了牛奶就说无法忍住放屁，还发出那么大的声响，那也是毫无理由的。那么，每天只喝牛奶的孩子岂不是得放很多的屁？以上就是我的辩护意见。

审 判 长：请原告方陈述。

BO 律 师：我方请放屁研究所李噗噗博士出庭

臭屁的骚动

作证。

一位戴着防毒面具的老人走上了
证人席。

BO 律 师：博士，对不起，为了方便询问，您能
摘下防毒面具吗？

李 噗 噗：不好意思。因为在研究所，屁的气味
通常很难闻，所以总是带着防毒面
具，都养成习惯了。

BO 律 师：我想问一下证人，到底什么是屁？

李 噗 噗：屁是由大肠排出的气体。

BO 律 师：那为什么会有声音呢？

李 噗 噗：肛门周围有一圈闭合的括约肌，当气
体一下子通过肛门排出的时候，肛门
周围的皮肤会振动，同时会造成空气
的振动而发出声音。

BO 律 师：原来是这样啊。那么造成屁味格外难
闻的原因是什么呢？

李 噗 噗：这主要是因为食物中的蛋白质。蛋白
质分解会生成吲哚和粪臭素物质，从

68

臭屁的骚动

而发出臭味。肉、鱼和牛奶中含有丰富的蛋白质。

BO 律 师： 那么，三天来只吃牛肉、喝牛奶的"我是牛奶小姐"大会的参赛者，经常放臭屁是理所当然的事情了。

李 噗 噗： 是啊。我国国民因为体内分解牛奶中乳糖成分的消化酶不足，牛奶喝得多的话，会经常放屁，而且屁的味道会很难闻。

BO 律 师： 原来是这样啊。

审 判 长： 现在宣布判决结果。因为有证据证明屁的味道与牛奶和牛肉有关，所以本次"我是牛奶小姐"大会主办方应该赔偿候选者的精神损失。

乳糖酶缺乏症

有90%的东方人、75%的黑人和25%的西方人无法消化牛奶，这是由于乳糖酶不足或是缺乏造成的。乳糖酶是消化牛奶时必需的消化酶。如果体内没有乳糖酶，喝了牛奶就会造成腹泻。所以最近人们开始研发不含乳糖的牛奶。

一起来提高生物成绩

为什么要吃食物？

为什么要吃食物？我们身体组成的66%是水，16%是蛋白质，13%是脂肪，其余5%是碳水化合物和无机盐等。这些物质都是从食物中获取的。食物中能够给人体提供能量、构成人体的物质被称为营养物质。

都有哪些营养物质？

碳水化合物、脂肪和蛋白质被称为三大营养物质。除此之外，维生素、无机盐和水也是身体必需的。无机盐是指铁、钙、磷、钾、镁等物质。

米饭、面包之类的食物中含有丰富的碳水化合物。鸡蛋、鱼、豆腐之类的食物中含有丰富的蛋白质。奶油、人造黄油、食用油等食物中含有丰富的脂肪。牛奶、紫菜之类的食物中含有丰富的无机盐。新鲜的水果中含有丰富的维生素。

一起来提高生物成绩

如果想要均衡地吸收营养物质，就不能挑食。所以学校食堂的营养师会搭配各类食物，以便于学生均衡地吸收营养物质。

维生素的缺失

维生素有很多种类。下面让我们一起来了解一下几种重要的维生素。

●维生素A：蔬菜、牛奶、奶油、蛋黄中含有大量的维生素A。缺少维生素A易患夜盲症，即夜间看不见东西。

●维生素B：大豆、米糠、肉类、牛奶中含有大量的维生素B。缺少维生素B易患脚气病。患有脚气病的话，腿会发肿，用手指按发肿的部位，肉会陷进去而不反弹出来。

●维生素C：水果、蔬菜中含有大量的维生素C。缺乏维生素C易患坏血病。患有坏血病的人，浑身没有力气，牙龈或是皮肤会出血，出现贫血症状。

●维生素D：蘑菇、鱼、奶油中含有丰富的维生素D。缺乏维生素D易患佝偻病。

消化

食物不能直接被身体吸收，所以身体会将其分解成小分子再吸收。这个将大块的食物分解成小分子的过程就是消化。消化分为以下两类。

●物理消化：用外力将食物磨碎成小块。

●化学消化：依靠消化酶将食物进一步分解。

口中的消化过程

食物进入口中，首先由牙齿将其咬碎。

然后是唾液对食物进行消化。唾液是由唾液腺分泌出来的。口中的唾液腺有腮腺、颌下腺和舌下腺。

一天之中分泌的唾液有1升左右。但是，食

物并不能完全被唾液分解。唾液中含有利于分解碳水化合物的唾液淀粉酶。在唾液淀粉酶的分解作用下，碳水化合物分解成麦芽糖。

那么其他的营养物质是在哪里被分解的呢？其中一部分营养物质是在胃中被分解的。

让我们来一起了解一下舌头的作用。舌头能品尝出食物的味道，它还好比咖啡杯中搅拌砂糖用的汤匙，起到将食物混合搅拌的作用。同时，也能将食物推送到食道。

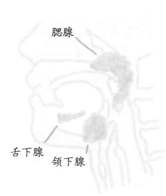

腮腺

舌下腺　颌下腺

食物离开口腔后，经食道输送到胃里。一般来说，食道的长度是25厘米左右。当然，个头高的人的食道也长些。食物经过食道的过程就好比挤牙膏一样。食道通过有规律的向下收缩，将食物输送到胃里。

胃

胃是消化器官，它如同一个上大下小的口袋，每个人的胃的大小和自己的鞋差不多大。

成年人的胃能够储存4升左右的食物。一定要记住的是，吃得太多的话，胃也会撑不下的。

胃壁上有很多皱褶，皱褶之间有分泌胃液的胃腺。胃液由胃酸和消化酶组成。人体每天大约产生2升的胃酸。胃液中有一种叫作胃蛋白酶的消化酶，这种消化酶能够充分地分解蛋白质。

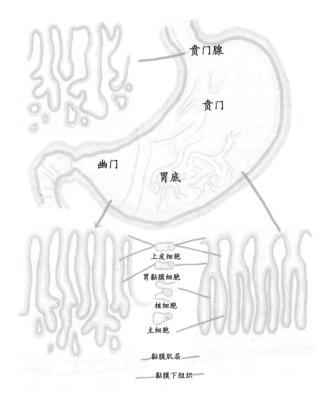

贲门腺

贲门

幽门

胃底

上皮细胞

胃黏膜细胞

核细胞

主细胞

黏膜肌层

黏膜下组织

在小肠中的消化

小肠的长度为7米左右，是人体中最长的器官。

一起来提高生物成绩

　　小肠是十分重要的消化器官，食物大部分都在这里被消化。小肠的始端称为十二指肠。十二指肠的长度是30厘米左右，和人的12个指头并在一起差不多宽，因此而得名。十二指肠中含有胰腺分泌的胰液、肝脏分泌的胆汁和小肠壁中的肠腺分泌的肠液。

●胰液：胰液中含有一种能够分解脂肪的叫作磷脂酶的消化酶，以及一种能够分解蛋白质的叫作胰蛋白酶的消化酶。

●胆汁：虽然没有消化酶，但能够帮助消化脂肪。

●肠液：肠液中含有一种分解蛋白质的叫作肽酶的消化酶。

小肠的运动

小肠有如下几种运动。

●混合运动：将小肠中的食物充分混合。

一起来提高生物成绩

联动运动：将小肠中的食物向下推进。

小肠把碳水化合物、脂肪、蛋白质分解后生成的营养物质、维生素、无机盐和水分等一起吸收。小肠壁上有很多的绒毛，所以能够吸收很多的营养物质。

在大肠中的消化

大肠比小肠粗，但比小肠短150厘米左右。

通常，从盲肠到肛门的部分被称为大肠。大肠由盲肠、结肠和直肠构成。

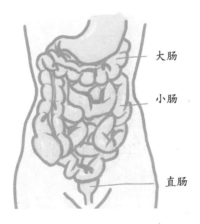

大肠
小肠
直肠

● 盲肠：盲肠的末端称为阑尾，长约5厘米，末端是封闭的。阑尾感染细菌的话，会肿胀起来，这就是阑尾炎。这时需要做摘除阑尾手术。

● 结肠：大肠大部分是结肠。可以把结肠看作是产生和储存大便的肠道。

● 直肠：直肠是大肠的最后一部分，与肛门相连。

食物中的水被大肠吸收后，剩余的残渣变成了大便，大肠通过蠕动将大便输送到肛门，排出体外。

胰腺

胰腺分泌胰液，胰液中含有分解蛋白质、碳水化合物和脂肪的消化酶。

胰腺分泌胰岛素和胰高血糖素两种重要的激素，可以调节人体血液中葡萄糖的含量。因此缺乏胰岛素易患糖尿病。

肝 脏

　　肝脏的重量为1.5千克左右，是我们身体中最大的器官。肝脏位于右侧肋骨之内，因此可以得到肋骨的保护。肝脏的下面是胆囊，肝脏分泌胆汁，胆囊起到储存胆汁的作用。

　　肝脏好比人体的化学工厂。肝脏合成和储存人体所必需的蛋白质和营养物质，而且还对身体中的有毒物质进行改造，从而起到解毒的作用。血液中含有许多在身体中起到重要作用的蛋白质，其中大约90%是由肝脏产生的。而且我们身体中的废物和有毒物质，也是通过肝脏的改造，转变成为毒性较小的物质后通过尿液排出体外。

鱼刺扎到嗓子里应该怎么办？

　　吃鱼的时候，有时候会出现鱼刺扎到嗓子里的情况，这时应该怎么办呢？

　　有的大人可能告诉过你，吃一大口米饭，不咀嚼直接咽下去，就可以把米饭和鱼刺同时吞下去。

　　因为米饭有黏性，还很软，是不用咀嚼也能吞下的食物之一，所以即使是把米饭直接吞下，也不会对消化系统造成很大的负担。

　　有时候，这种方法很有效，但有时反而会使鱼刺扎得更深，甚至对食道造成伤害。伤口变大的话，会出现炎症，甚至还需要做手术。

　　另一个方法是吃生鸡蛋。生鸡蛋很软滑，不会对食道造成伤害。大部分情况下，鱼刺也会跟着咽下去。但是，如果鱼刺没有跟着咽下去的话，最好的方法就是赶紧去医院，让医生将鱼刺取出来。

关于血液和排泄的案件

发烧是在驱除病菌！

犯困的考试

考试当天是吃饭好，还是不吃饭好？

走进案件

距科学王国最高学府哈德保德大学招生考试的日子只剩下一周的时间了。考上哈德保德大学是科学王国里所有考生的梦想。精英城市的南宝万也将考入哈德保德大学作为自己的奋斗目标，一直在努力着。由于今年竞争特别激烈，所以就是平时成绩优异的南宝万也不能掉以轻心。一周来，他全力以赴地准备着考试。

考试当天，政府对考场前所有车辆进行了交通管制，考场附近300米内禁止鸣笛，违禁者将被罚款。当然，电视和广播也被暂时中断。学生的父母们一大清早就来到考场前祈祷孩子能够取得好成绩。

学生们进入考场后，纷纷找到了自己的位置。一会儿后，铃声响起，监考老师走进了教室。南宝万所在教室的监考老师是一位白发苍苍的老教师。

犯困的考试

"我是监考老师高知识。要是有打小抄的想法，趁早打消。"

看着监考老师，南宝万不由地变得焦躁起来。他拿到考卷后，深吸一口气，抖擞了一下精神，开始做题。

终于，两场考试结束了，到了吃午饭的时间。由于过于紧张，很多学生肚子里的早饭还没消化。同时，为了准备下一科考试，他们忙于看书，连打开饭盒的想法都没有。南宝万也一直在翻看着预测考题集。突然间，教室里响起了一声巨吼："现在这是在干什么？"

所有学生都吓了一大跳，抬起头看着高知识老师。

"考试是重要，但是按时吃饭更重要。大家都把饭盒打开，吃饭。"

学生们虽然一脸的不愿意，但是在高知识老师的呵斥下，一个个地都开始吃饭了。南宝万很珍惜一分一秒的时间，所以一下子往嘴里塞了一大口，硬塞着吃完了午饭。看着学生们吃了午饭，高知识老师才露出了满意的微笑。但是学生们的脸上写满了不满，吃饭的时候，眼睛都还盯着书本。南宝万匆匆吃了几口，就把饭盒收起来接着看书背题。

短暂的午休时间一转眼就过去了，下一场考试开始了。南宝万怕忘记刚刚背下的题目，快速地打开了考卷。

犯困的考试

但是，这是怎么了啊？南宝万开始犯困起来。不只是南宝万，同一考场的其他同学也不知道是为什么，个个都开始犯困起来。有的同学使劲地揉眼睛，有的同学掐着大腿……考试终于结束了。

到了查看成绩那天，这个教室考生的成绩都很低，几乎都是不合格。周围传来学生的哭闹声。而南宝万眼前一片漆黑。考试一年只有一次，要重考的话，还得再学一年。

学生们愤愤不平，都觉得是因为高知识老师硬逼着大家吃午饭才出现了困倦，所以大家将高知识老师起诉到了生物法庭。

如果胃里装满食物的话，消化系统就会变得活跃起来，供给氧气和营养成分的血液会聚集在胃里。所以给大脑的供血减少，大脑的活动就会变得迟缓。

吃饭之后，真的会犯困吗？
让我们去生物法庭了解一下吧。

生物法庭

审 判 长：现在开庭。首先请被告方辩护。

盛务盲律师：尊敬的审判长，所有人都要靠吃饭维持生命。被告、我、审判长都一样。我的话有错吗？

审 判 长：我吃饭跟法庭有什么关系？拜托你不要再说别的话题了，还是陈述辩护意见吧。

盛务盲律师：只是因为吃了饭犯困，所以考试考砸了，那都只是借口而已。有句话不是说"做错了事还老喜欢找借口"吗？我说的就是这个道理。

审 判 长：当初相信你，就是我的错。接下来，请原告方陈述。

犯困的考试

BO 律 师：我方申请《饱腹感和睡眠》一书的作
　　　　　者姜饱腹先生出庭作证。

一位和摔跤选手一样身躯庞大的男人，一个劲儿地点着头，打着瞌睡走向了证人席。在走向证人席的途中，一下子趴倒在地睡着了。BO律师不知如何是好，叫了他好几次，姜饱腹才醒来坐上了证人席。

BO 律 师：证人，为什么您来的时候一个劲儿地
　　　　　犯困呢？

姜　饱　腹：啊，因为刚吃过饭，所以来的时候有
　　　　　些犯困。

BO 律 师：刚吃完饭会犯困，看来是事实了？

姜　饱　腹：当然是事实。

BO 律 师：您能给我们解释一下原因吗？

姜　饱　腹：我们吃的食物堆积在胃里，一般来
　　　　　说，会停留3~4个小时。

BO 律 师：那段时间在做什么呢？

姜　饱　腹：胃每20分钟蠕动一次，将胃液和食物
　　　　　混合。这时，胃酸和一种叫作胃蛋白
　　　　　酶的消化酶将食物分解。

犯困的考试

BO 律 师：胃里有食物和犯困有什么关系呢？不管怎么想，都觉得好像没有关系啊？只有我是这么想的吗？

姜 饱 腹：对生物不是很了解的普通人都是那么想的。但其实胃里装满食物的话，消化系统会变得活跃起来，供给氧气和营养成分的血液会聚集在胃里。

BO 律 师：那么，其他地方的血液会减少了？

姜 饱 腹：是的。所以供给脑部的血液减少，大脑的活动会变得迟缓。

BO 律 师：姜饱腹先生？

姜 饱 腹：呼……呼……

BO 律 师：姜饱腹先生！

姜 饱 腹：啊……我又犯困了。对不起。

BO 律 师：没关系，请继续。

姜 饱 腹：所以说大脑的反应变得迟钝，最终就会犯困。

BO 律 师：如果我再继续提问的话，证人好像会睡过去。我的提问到此结束。

犯困的考试

审 判 长：辛苦了。审判的结果其实很简单。我
们经常说的"食困症"，是有科学依
据的。如果要参加像考试这样重要的
事情，即使少吃一顿饭，也不会有什
么问题。所以为了避免犯困，应该不
吃饭或是少吃饭。比如这次，考生们
因为吃了很多饭，需要同时与考试题
和犯困作斗争，成绩当然不太理想。
但是，我们还应该记住，吃饭时消化
吸收的葡萄糖是有利于激活大脑机能
的。所以，本审判长建议学生和老师
在饭后做一下简单的伸展运动。

食困症

　　食困症是指吃完饭后身体乏力、没劲、犯困的现
象。吃饭之后，为了消化吸收食物，胃肠运动会变得活
跃起来，因此供给胃肠的血液会增多。这时，供给四肢
和大脑的血液会减少，因此会浑身乏力、犯困。这就是
食困症的产生原因。
　　为了缓解食困症，应该吃饭定时，每次少食，减少
胃肠负担，而且吃饭时要细嚼慢咽。

时大时小的脚

脚的大小真的会变化吗？

走进案件

赵名品小姐今天又在百货商店的名牌区挑选商品，以此减缓压力。

"哎哟……顾客您真有眼光。"

"呵呵……我懂一点。"

"是啊，您怎么知道那是今天新到的商品，正好选中那款。呵呵……"

"是吗？我只是觉得这款看上去很高贵优雅，就拿起来看看而已。"

每当听到店员的称赞，赵名品都很得意，好像体会到了生活的意义一样。赵名品今天也是双手提着满满的购物袋，开心地走出了百货店。

但是，有一件事让赵名品很不高兴，那就是关于鞋的问题。她的脚比普通女性的大，所以每次只能买定制的鞋，无法穿成品鞋。但是，定制的鞋没有知名的品牌，所以即使她穿着一双十分昂贵的鞋，也没有人注意到。因为

时大时小的脚

这件事，她总是感到很不高兴。

有一天早上，赵名品小姐发现了一家新开的洋货店。"哦，以前没见过这家鞋店啊？"赵名品觉得没有什么特别的就没进去看。但那天晚上，在她和朋友通电话时，从朋友那儿得知了一个让她大吃一惊的消息。

"那里看着店面小，有些简陋，但那可不是一般的鞋店。那家店主三代都经营洋货店。你只要伸出脚，他就能目测出脚的大小，设计出和成品鞋一样的款式。"

"什么？真的吗？"

听朋友这么一说，赵名品觉得那家洋货店可以了却自己长期以来的心愿，她很兴奋，一口气跑到了那家鞋店。但是因为天黑，鞋店已经关门了。赵名品遗憾地往家走，还时不时地回头看看，期待着明天的到来。

第二天天一亮，赵名品就跑到了那家洋货店。她连招呼都没打，就把脚伸了出去，然后说出了自己想要的款式。

到了取鞋的日子，她又是一大早跑到了那家店，心满意足地捧着一双十分合脚的漂亮皮鞋回家了。她太高兴了，对这双新鞋真是爱不释手。但是到了晚上，在把鞋放进鞋柜之前，她又试穿了一次新鞋。

突然间，她大叫起来。"怎么会这样？不可能啊。"

时大时小的脚

不知道是鞋变小了还是怎么回事，她的脚伸不进去了。

"这不是真的……费了多大劲才买到的鞋……"

她气急了，带着鞋直奔那家洋货店。但因为时间太晚，洋货店早已大门紧锁。赵名品给她的私人律师打电话，以诈骗罪将那家洋货店起诉到了生物法庭。

　　一整天都站着的话，血液会向身体下方聚集。所以在晚上，脚里聚集的血液很多，脚就会变大。但是，躺下睡觉的时候，血液又会重新均匀地分散到全身，所以脚又会重新变小。

脚真的会时大时小吗？

让我们去生物法庭了解一下吧。

生物法庭

审 判 长：现在开庭。首先请原告方陈述。

盛务盲律师：一天之内，脚没有变大的道理。这根本就不可能。早上穿着正好合适的鞋，到了晚上怎么就能变小了呢？这肯定是因为鞋店主人做鞋时疏忽大意造成的。除此之外，没有别的原因，不是吗？审判长。

审 判 长：嗯，我也不太清楚啊。

盛务盲律师：好了，我说完了。

审 判 长：好的。那么请被告方辩护。

BO 律 师：我方申请血液循环研究所李血石所长出庭作证。

时大时小的脚

一位看上去气色不错的三十来岁的男子
充满活力地走向证人席。

盛务盲律师：血液循环研究所是研究什么问题的？

李　血　石：我们研究所是研究血液循环问题的。

BO　律　师：血液是如何循环的呢？

李　血　石：转圈循环。

BO　律　师：说这样的话是在开玩笑吗？

李　血　石：不是的，是从科学角度说的。

BO　律　师：好。那么血和血液是一个概念吗？

李　血　石：是的。人体内流淌着大量的血，换言
　　　　　　之，就是血液。使血液流动的是心
　　　　　　脏。

BO　律　师：心脏有多大？

李　血　石：人的心脏如同拳头一样大小，位于胸
　　　　　　腔中间偏左的位置。心脏由四个腔构
　　　　　　成。流入心脏的血液首先进入心房，
　　　　　　再进入心室流向全身。心房和心室、
　　　　　　心室和动脉之间有瓣膜，所以血液只

时大时小的脚

向一个方向流动。心脏通过有规律地收缩和膨胀，来实现血液的输送和接收。这种有节奏的心跳叫心搏。

BO 律 师：血液在身体内是如何循环流动的？

李 血 石：与心脏相连接的血管是动脉和静脉。血液从心脏流向全身是通过动脉血管，血液从全身流入心脏是通过静脉血管。在身体里流动的血液通过大静脉输送到右心房，右心房收缩时，将血液输送到右心室。然后随着右心室的收缩，血液从肺动脉流向肺部，在经过肺部的毛细血管时，排出二氧化碳，吸收氧气。然后富含氧气的血液经肺静脉流回左心房，再流动到左心室，然后通过大动脉流向全身的毛细血管。

BO 律 师：真的是转圈流动啊。但是血液循环和这个案件有什么关系呢？

李 血 石：人体脚的大小在早晚不同。

时大时小的脚

BO 律 师：什么时候更大呢？

李 血 石：晚上脚更大。

BO 律 师：那是为什么呢？

李 血 石：一整天都站着的话，血液会向身体下方聚集。所以在晚上脚里聚集的血液很多，脚会变大。但是躺下睡觉的时候，血液会重新均匀地分散到全身，所以脚又会重新变小。

BO 律 师：这么简单的道理啊。那也就是说，不应该在脚小的早上买鞋。所以我认为这是由于赵名品小姐不了解科学知识犯下的错误。

审 判 长：现在宣布审判结果。通过被告的辩词，我们知道人脚的大小会随着血液量的变化而时大时小。因为赵名品买鞋的时间是早晨，那时脚最小；但到了晚上，脚会变大。所以在晚上试鞋的时候，会觉得鞋变小了。希望赵名品小姐吸取这次教训，下次不要在早

生物法庭 7 智齿的保险

时大时小的脚

上买鞋。尽量在脚最大的时候买鞋。作为鞋店老板，要为顾客考虑，更应该懂得下午脚比早晨脚大，因此应该为赵名品小姐再做一双鞋，收费为半价。

心搏和脉搏

心搏

随着心房和心室反复的收缩和舒张，血液被输送到全身，心脏的这种跳动现象被称作心搏。

脉搏

脉搏即动脉搏动，随着心脏节律性的收缩和舒张，动脉管壁相应地出现扩张和回缩。只有动脉有脉搏。大多数动脉位于皮肤深处，所以很难触摸到脉搏。但是在表浅动脉上可触到搏动，比如手腕内侧、腋窝、脚踝等处的脉搏。

搞砸的约会

搞砸的约会

长时间盘腿坐为什么腿会发麻？

最近，科学王国五大名企之一——高级物产公司的继承人崔高级脸上天天挂着笑容。这都归功于韩美貌小姐。韩美貌小姐是崔高级第133次相亲的对象。崔高级生活在上流社会，从小就过着养尊处优的生活。

走进案件

从小崔高级就像温室里的花朵一样过着安逸的生活，接受着严格的礼仪教育。他熟记着与很久不见的人见面时要遵守的八条礼仪，与第一次见面的人应该首先握手，打招呼，再作自我介绍，等等。他从没坐过公交车或是地铁，甚至从没自己上过楼梯。至今，他在相亲时见过的女人都是上流社会那些老总的女儿。她们都很高傲，过着奢侈的生活。但是，自从认识了这个韩美貌小姐，他学会了不用到处结账付款，也学会了与人亲切相处的方法。

韩美貌小姐与那些上流社会的女生不同，她一点也

搞砸的约会

不高傲，很直率。与崔高级不同的是，她体验过普通人的生活。韩美貌发现自己和崔高级很谈得来，并逐渐被他吸引。最终，两人发展为恋人关系。崔高级结束了三十多年的单身生活。在他看来，韩美貌小姐好比天仙下凡。

相亲后的第三次约会，韩美貌小姐把崔高级约到了一家她经常光顾的饭店。崔高级虽然有点担心，但还是沉住气，准时赴约了。

韩美貌请他去的那家店就是五花肉烤肉店。崔高级只听说过五花肉，但从来没有吃过，这让他有些担心。更糟糕的是，饭店里竟然没有桌子和椅子，得坐在地上吃饭。从来没有盘腿坐过的崔高级不知道该如何是好，他像女士一样将腿侧放在身体的一侧，小心翼翼地坐到了地上。刚开始的时候还能撑得住，渐渐地，他的腿开始发麻了。

"哪里不舒服吗？崔高级先生。"

看着韩美貌笑眯眯地那么问，崔高级不想因为自己腿发麻而让她扫兴。

"没有。肉太好吃了。这和我一直吃的T骨牛排味道有点不一样。"

"哦，真的吗？太好了。其实，我一直很担心这个不合你的胃口。呵呵……"

五花肉是很好吃，但是现在崔高级根本没有心思品尝

搞砸的约会

五花肉。他的一条腿已经麻了，没有任何知觉。幸亏，趁着韩美貌去卫生间的机会，他挪动了一下腿，盘着腿坐了起来。

一会儿，韩美貌从卫生间回来，和崔高级聊了起来。崔高级一时间也把腿发麻的事忘得干干净净。突然，他想起身去趟卫生间。

"啊，啊……"咣当！他起身时因为双腿发麻，晃晃悠悠地一下子摔倒了。可不幸的是，他摔倒时却偏偏压在韩美貌腿上。

"啊，啊！变态！"

就这样，崔高级的第133次相亲泡汤了。他哭着送走了韩美貌，将这家没有椅子的饭店起诉到了生物法庭。

　　肌肉中的营养成分通过氧气被分解，获得能量，然后剩余的废物再被血液带走。但是如果长时间保持不舒服的坐姿，就不能充分地分解营养成分和清理废物，因此会出现发麻现象。

不舒服的姿势真的会使腿发麻吗？
让我们去生物法庭了解一下吧。

生物法庭

审　判　长：现在开庭。首先请被告方辩护。

盛务盲律师：腿发麻的话，往鼻子上涂点唾沫就行
　　　　　　了。因为这点事就上法庭，真是不可
　　　　　　思议。

审　判　长：往鼻子上涂点唾沫，腿就真的不发麻
　　　　　　了吗？

盛务盲律师：我奶奶是那么说的。

BO　律　师：审判长，现在被告律师用毫无科学依
　　　　　　据的辩词妨碍科学审判。

审　判　长：同意。被告律师，请从科学的角度发
　　　　　　表辩护意见。

盛务盲律师：好。如果那个方法不行的话，"喵

搞砸的约会

"喵"叫两声就行了。

审　判　长：这又是在说什么呢？

盛务盲律师：腿麻的时候不就像有小老鼠钻进裤管了吗？把猫喊来的话，老鼠不就跑了吗？

审　判　长：别再说了，完全是一派胡言。请原告方陈述。

BO　律　师：我方申请长时间饱受发麻痛苦，最近才恢复健康的李强子奶奶出庭作证。

一位看上去六十来岁的老奶奶迈着大步走向证人席。

BO　律　师：您看起来挺硬朗啊。

李　强　子：嗯，我身子板很结实。

BO　律　师：腿为什么会发麻呢？

李　强　子：因为姿势不舒服。

BO　律　师：你是指哪种姿势呢？

李　强　子：我们现在也应该进行"立式"生活了。坐在地板上的话，腿不是被使劲压着嘛，那样血液就不流通了，所以

搞砸的约会

就会有发麻的感觉。

BO 律 师： 请您再详细地解释一下。

李 强 子： 所谓的发麻，就是胳膊或腿痉挛，无
法动弹的现象。

BO 律 师： 是啊。

李 强 子： 别插话。

BO 律 师： 知道了。

李 强 子： 肌肉中的营养成分是依靠血液输送的
氧气来进行分解的，这样才能使肌肉
得到动弹的力量。这时，产生的废物
应该由血液重新运走。但当长时间坐
姿不舒服时，血液不能顺畅地流通，
也就不能顺畅地给肌肉供氧以及带走
废物了。因为肌肉中营养成分的分解
和废物的清除不能充分进行，所以会
出现痉挛，也就是发麻了。

BO 律 师： 原来是这样啊。如果长时间坐在凳子上
的话，就不太会出现发麻的情况了吧?

李 强 子： 当然。

生物法庭 7 智齿的保险

搞砸的约会

BO 律 师：审判长，您有结论了吗？

审 判 长：是的，我也有类似的经历。在烤肉店坐时间长了，站起来腿会发麻，走路打晃。饭店的老板都是站着服务的，所以不太了解客人坐着吃饭不舒服的事情。借这个机会，我建议政府制定法律规定所有的食堂、饭店都放置凳子，让腿舒展开来，让客人以便于血液循环的姿势坐着吃饭。

腿突然抽筋应该怎么办？

　　肌肉过于疲劳或是肌肉突然间受到冲击致使肌肉细胞膜内外失衡，收缩的肌肉无法舒张而产生的现象被称为肌肉痉挛，也就是通常说的抽筋。

　　这时，把腿伸展开，把脚拇趾往脚背方向使劲压，会缓解抽筋的症状。

用尿液洗衣服

尿液中的氨能将衣服洗得干干净净?

大白净城市的土大力洗衣店店面虽然很小，但却有很多客人光顾。今天店里也是挤得水泄不通。

"唉呀，得排队来啊。"

"是我先来的。你这是说的什么话？"

"你说什么？我一个小时前来的，一直在这儿等着呢！"

走进案件

人们手里拿着脏衣服，为了能先排上队洗衣服争吵着。

"我们会给大家分发号牌的，请不要再争吵了，请大家按照顺序来。呵呵……"

洗衣店的老爷爷微笑着给大家分发号牌。旁边的朴石手老奶奶在要洗的衣服上挂上一个个名签。就这样整理着要清洗的衣物，一直到天黑，洗衣店里的客人才渐渐变少了。看着堆得跟人一般高的衣物，洗衣店的老爷爷满意地

用尿液洗衣服

说道："老伴，咱俩现在一点点开始啊？"

"哎哟……开始啊……"

老爷爷和老奶奶带着意味深长的微笑，开始把衣服搬到洗衣房里。

与之相反的是，隔壁的洗衣店——新电脑洗衣店的老板崔新识气得直跺脚，因为很少有人光顾这家新开业的洗衣店，大家都去土大力洗衣店送洗衣服。刚开始以新型洗衣机器快速洗衣引以为豪的新电脑洗衣店，偶尔还有几个人光顾，但是最后没有一个人光顾了。

"哎……这是什么啊。就不能像隔壁土大力洗衣店一样，把衣服洗得干净些吗？因为价格便宜才来这里洗的，果然便宜没好货。"

"这是什么啊？斑点这不还在上面吗？这家店连衣服上的斑点都洗不干净？哼！"甚至还有生气发火的客人。

崔新识陷入了苦恼之中："究竟那家洗衣店用的是什么方法，为什么洗出的衣服比我家店里最高级的机器洗出来的都干净呢？秘诀是什么呢？"

崔新识十分好奇邻家洗衣店的洗衣秘诀，所以决定晚上偷偷地去土大力洗衣店看个究竟。

"老爷爷，对不起了，可是我也得吃饭过日子啊。嘿嘿……"

用尿液洗衣服

　　他带着阴险的微笑打开了洗衣店的窗户。恰好老爷爷和老奶奶正在洗衣服。这时，崔新识看见老奶奶手里提着个什么东西，正往衣服上面倒。

　　"那是什么呢？"

　　他拿出提前准备好的望远镜，定睛一看。

　　"啊？那个？"

　　老奶奶手里提着的竟然是尿盆。老奶奶将尿盆中的尿液洒在衣服上。崔新识捂住嘴巴差点吐出来。

　　"怎么会这样，这些坏人们……我不会善罢甘休的。"

　　第二天，崔新识气喘吁吁地跑到了生物法庭。

尿液中的含氮废物放置在空气中，会变成氨气。氨气溶于水中形成氨水。氨水能将浸透在衣服里的污渍清洗干净。

尿液能洗净衣服吗？
让我们去生物法庭了解一下吧。

生物法庭

审　判　长：现在开庭。首先请原告方陈述。

盛务盲律师：尿液多脏啊！就因为脏，才被处理掉，不是吗？文明点讲，尿液就是身体中排出的废物。但是，竟然用尿液洗衣服！疯了吗？洗涤剂就是再怎么涨价，也不能用那种脏东西洗衣服啊。如果用那种方式经营洗衣店的话，我们国家的人们还敢将衣服送到洗衣店吗？

审　判　长：盛务盲律师，是不是有点夸大其词了？

盛务盲律师：我最近是有点夸张。因为听到尿液那个词，有点上火。

生物法庭 7 智齿的保险

用尿液洗衣服

审　判　长：那么先歇着吧。请原告方陈述。

BO 律　师：我方申请民间生物学研究所的李污物
　　　　　　爷爷出庭作证。

一位六十来岁身穿韩服的老人慢慢地
走上了证人席。

BO 律　师：证人，您是做什么工作的？

李　污　物：我的工作就是研究被人丢弃的东西或
　　　　　　是常见的东西，发掘它们的新用途。

BO 律　师：最近在研究什么？

李　污　物：最近正在研究不用洗涤剂清洗衣物的
　　　　　　方法。

BO 律　师：那得怎么做呢？

李　污　物：使用原来我们祖先用过的方法就行
　　　　　　了。

BO 律　师：那么，还是回到本案的正题上吧。能
　　　　　　用尿液洗衣服吗？

李　污　物：当然。尿液像碱水一样能将渗入衣服
　　　　　　中的污渍洗净。

BO 律　师：怎么会那样呢？

用尿液洗衣服

李　污　物：尿液中的含氮废物放置在空气中，会变成氨气。氨气溶于水中形成氨水。氨水能将浸透在衣服里的污渍清洗干净。所以用什么贵的洗涤剂啊？用点尿液就行了。

BO　律　师：用那个听上去有点不舒服。

李　污　物：但从科学的角度来看，是干净的。

BO　律　师：您指正得对啊。请审判长定夺。

审　判　长：现在宣布审判结果。今天第一次听说尿液有洗涤的作用。但是即使尿液有那种作用，也不能不经顾客同意就使用。毕竟尿液是人身体的排泄物，有很多人对尿液的印象不好。所以希望土大力洗衣店在得到顾客的允许之后再使用尿液洗衣服。虽然使用尿液能去除渗入的污渍这一说法成立，但是还是劝告被告使用洗涤剂清洗衣物。

用尿液洗衣服

审判结束后，许多人将放在土大力洗衣店里的衣服送到了崔新识的洗衣店。土大力洗衣店因此陷入倒闭的危机。但是这只是暂时现象。随着时间的推移，人们渐渐地知道了土大力的民间洗涤方式并不脏，又重新将衣物送到土大力洗衣店清洗。

尿液的多种用途

尿液的主要作用是将体内的废物排出体外。但是尿液不应该仅仅被简单地看作是废弃物，其实尿液中含有多种有用的化学成分。

提起尿液，人们很容易就认为它是不卫生的。但是在古代，人们将尿液和漂白土混合起来当肥皂使用。按史料记载，我们的祖先使用尿液洗手、洗衣服。

尿液还可以使铁变得更坚硬。含有尿素或是氨的成分可以和铁发生反应，会生成坚硬的化合物。只不过在现代工业中，不放尿液，而是直接添加尿素或氨水。

喝水变聪明

喝很多的水，为什么会变聪明？

"我这回一定能通过。为了实现当建筑家的理想，我一定要咬紧牙关，认真学习。"

"嗯。我为了动物们一定要考上兽医大学。"

"但是，你昨晚好像很早就睡觉了。"

走进案件

"你呢？你昨天好像一点都没听课。"

申建竹和何秀伊是十分要好的朋友。两个人从幼儿园起就认识。去幼儿园的第一天，申建竹很害羞，没能和朋友们打成一片。何秀伊则完全不同，他是村里有名的淘气包。不仅仅是淘气包，在幼儿园里他还是孩子王。被朋友们包围的何秀伊看见申建竹自己一个人在角落里玩积木，他便一直盯着申建竹看了很长的时间。

"那个孩子为什么自己一个人玩？"

"啊……他啊，和我住一个小区。但是几乎不怎么说话，是一个很难亲近的人。所以他没有什么朋友。”

“即使是那样，大家也应该一起玩啊。自己一个人玩多无聊啊。”

“不知道，跟他说话也不回答，还有点傲慢。我正考虑要不要收拾他呢。”

很喜欢打探稀奇事的何秀伊不能理解朋友说的话是什么意思。

“呀，他要是不愿说话的话，肯定是有一定原因的。我觉得你不该想着要怎么收拾他。”

听何秀伊这么一说，在旁边一个劲儿嘟囔的朋友噘着嘴说道：“那他也太傲慢了。”

“不是的，我去问问。不知道是不是因为你不善于结交新朋友。我有自信能让那个孩子成为我的朋友。”何秀伊说完，朝着申建竹走去。

“你为什么自己一个人玩呢？有意思吗？”

“不关你的事。”让何秀伊没想到的是，申建竹的回答很冷淡。

“呀，你这么冷淡，谁愿意和你相处啊，你是不是没有朋友啊？”

“那有什么关系，我不需要什么朋友。”

何秀伊并不讨厌这个看上去很冷淡又很害羞的申建竹。

喝水变聪明

"一起玩多好啊，干嘛这么冷淡啊。"何秀伊很亲切地和申建竹搭话："哇，这些都是你做的啊？太漂亮了。我们小区没有一个人能像你做得这么好。"

"我长大后，一定要当建筑家。我想成为一个给人们建造漂亮房子的建筑家。"

"哇……太帅气了。我很喜欢你。将来你成为建筑家的话，我的动物医院就让你来设计。"

申建竹搭建的积木很有创意，以至于很难让人相信这是一个孩子的作品。因为这件事，申建竹和何秀伊变得亲近起来，后来两个人又机缘巧合地考入了相同的学校。消极、过于谨慎的申建竹在何秀伊的影响下，变得活泼开朗起来。

"建竹啊，我们不但在同一所小学，现在还在同一所中学，竟然有这样的缘分。"

"你这小子，是不是太喜欢我了？我不是说，不让你跟着我上同一所学校吗？"

考入中学后，两个人天天混在一起。一起学习，一起吃饭，一起去学校，两个人就像亲兄弟一样。两个人的成绩不相上下，爱好也相似。

"在市美术馆有个世界建筑博览会，我们一起去看看吧。"

喝水变聪明

"是吗？你肯定很喜欢。趁这个机会我也开开眼界。明天是周六，咱俩去看看，然后一起吃饭吧。"

"你不愧是我最好的朋友。拜托你办事一点都不觉得有负担。"

正如两个人第一次见面所说的那样，现在他们的理想也一点都没有改变。两人依旧怀揣着儿时的梦想，互相帮忙收集着关于彼此理想的各种信息。互相安慰，互相帮助，两个人的友谊比亲兄弟的情谊都深厚。

但是，两个人也没能逃避青春期的叛逆。在初中的时候，两个人的成绩在班级里都是第一名，但是进入高中之后两个人的成绩开始下降。

"虽然听说高中的学习内容很难，但没想到我的成绩会下滑到这个程度。"

"我成绩也下降了很多，昨晚挨了父母一宿的批评。"

"我们好像玩得太疯了。"

"是没少玩。现在我们该拼命地学习了。"

每次考完试，拿到成绩单，两个人都会这样互相鼓励。但是落下的学习内容补习起来并不容易。况且高中的学习内容本来就很难。再加上两个人都爱好打游戏，每次经过那条游戏街道的时候都无法控制住自己，都会情不自

喝水变聪明

禁地走进去玩几场游戏。

"昨天，看那个了吗？《世界的建筑探险》，五点在MBC播出的那个节目。"

"嗯，我边看节目边想到了你。"

"是不是很帅？人们怎么能建造出那样的建筑呢？"

"我将来是从事不了建筑工作了。电视上出现的那栋建筑物真是太壮观了。将来你考入大学的建筑系，一定要设计出比它更好的建筑啊。"

"当然，你应该感到幸运，有一个这么伟大的建筑家朋友。"

两个人只要一开始聊天就聊个没完没了。都上课了还在聊。

两个人把时间都浪费在了打游戏和聊天上。结果，高考前夕，两个人的学习成绩一落千丈。

"快要高考了，我们怎么办好呢？"

"早知道就认真学习了。我们好像把太多的时间用在参观建筑博览会和宠物大会上了。"

"按照我们现在的成绩，考上大学应该没有问题吧？"

"一定得考上大学。但是按照现在的成绩，还真有些困难。"

喝水变聪明

两个人最终还是高考落榜了。后来，两个人决定复读。

"这次，我们真的努力学习一回吧。"

"是啊，我们都是有理想的人。为了我们的理想，从现在开始认真学习吧。"

就这样，两个人选择了相同的复读学校。刚开始的几个月，两个人好像真的很努力地学习了。但是一到夏天，天气变热，注意力就不集中了，刚开始的意志也变得薄弱了。

有一天，天气实在是太热了，建竹变得心烦意乱起来。特别是到了下午，天气热得连其他的学生也心烦意乱了。

"要热死了，身体好像都要烤焦了。"

"开着空调怎么还能这么热呢？这完全是酷暑啊。"

建竹和秀伊上的复读学校有个特色，那就是每节课结束后，都会让学生喝下一杯水。

虽然不知道原因是什么，第一次来复读学校的学生，按照复读学校的要求，必须得喝水才能入学。进入复读学校学习的条件之一就是要喝掉校长分配的水。虽然觉得很奇怪，但因为这个复读学校很有名，两个人还是决定上这个复读学校。

喝水变聪明

要是像平常一样，也就不会说什么，直接喝水了。但是今天建竹本来就觉得十分烦躁，复读学校这种强制喝水的制度让他更加闹心了。

"手都没动一下，让喝水干什么？天都热死了。"

"天太热了，所以才让你喝水的吧，快喝吧。"秀伊安慰着建竹说道。

"不要，我是来这里学习的，不是来喝水的。"

建竹最后也没喝水。听说建竹没有喝水，校长来到了教室。

"建竹啊，为什么不喝水啊？这都是为你着想。所以，即使生气也要喝水啊。"

"不要，我们又不是喝水的河马。一喝水肚子就会涨，就得去卫生间。天热了，去卫生间也觉得烦躁，为什么总是让我们喝水？"

"建竹，真的要这样吗？你不是看到复读班的广告了嘛。如果想进复读班，就得喝水。"生气了的校长朝着建竹大声喊道。

但是，建竹已经被炎热的天气整疯了。他很疲倦，别说喝水了，连坐都坐不住。

"校长，你看看他。因为天气热，他都没有力气了，连坐都坐不住了，哪还有力气喝水啊。"

喝水变聪明

"规定就是规定。既然来我们学校学习就必须得喝水。这都是根据科学总结的经验。"

"我不管，肚子饱了，不喝了。一天不喝水，会怎么着？"建竹坚持不喝水。

忍无可忍的院长说道："是吗？喝水是我们复读班的规定。不想喝水的话，就退学吧。没有必要再在这儿学习了。申建竹同学。"

因为拒绝喝水而被复读学校强制退学的建竹将这家复读学校告上了生物法庭。

水能起到帮助排出肾脏中汇集的毒素和废物的作用。因此，喝水对身体有益。所以应该尽可能地在吃饭前20~30分钟喝两杯水，每天喝六杯水对身体是有好处的。

多喝水的话，会变得聪明吗？
让我们去生物法庭了解一下吧。

生物法庭

审　判　长：现在开庭。首先请原告方陈述。

盛务盲律师：每个人都有个性。为什么非得强制喝
水呢？考生的压力本来就大，还让学
生定时喝水，这不是施加压力吗？就
是不另外喝水，吃饭的时候也会喝一
些的。真不知道像这样总是强调喝水
的原因是什么。

审　判　长：请被告方辩护。

BO　律　师：我方申请水和健康研究所的李秀江博
士出庭作证。

　　一位脸色红润的三十来岁的男
人雄赳赳气昂昂地走向了证人席。

喝水变聪明

BO 律 师：请问证人，人一定要喝水吗？

李 秀 江：当然。水是新陈代谢过程中必备的要素。缺水会造成脱水，那样的话，大脑活动就会变迟缓。

BO 律 师：啊！那么让考生们多喝水的话，会使脑袋变得聪明了？

李 秀 江：是的。此外，水还有很多其他的作用。比方说水还会帮助肾脏清除其中汇集的毒素和废物，所以经常喝水是有好处的。

BO 律 师：在口渴的时候喝水不就够了吗？

李 秀 江：那时就太晚了。可能的话，在吃饭前20~30分钟喝水比较好，吃饭的时候喝水其实并不好。此外，一天喝六杯水比较好。

BO 律 师：水还有其他的作用吗？

李 秀 江：很多啊。体内的蛋白质在代谢之后会转化成氨或是尿素。氨长时间停留在体内的话，大脑活动会变慢，还会生

喝水变聪明

成例如肾上腺素之类的激素，造成血压升高。经常喝水的话，会将氨排出体外，有益身体健康。

BO 律 师：原来是这样啊。那么，本案的结果已经很明确了，审判长。

审 判 长：我第一次知道水是这么好的东西。水竟然有这么多神奇的作用。审判结束后，我得喝上一大杯水啊。为了让学生更好地学习才强制喝水的，所以就别计较那么多，喝就喝吧。水既然对身体有益，为什么不喝呢？来，大家一起去喝水吧。

喝水的方法

1. 一天喝1.5升以上的水。
2. 要经常喝水，每次喝水量可以少些。
3. 像吃食物需要咀嚼一样，喝水也应该慢慢品尝着喝。
4. 刚起床和就寝前喝一两杯水有和喝补药一样的效果。
5. 可能的话，喝非烧开的纯净水。但是普通的自来水一定要烧开再喝。
6. 要多喝凉水。温度低的水分子是六角环形的构造，这有助于提高生物分子的机能。

吐唾沫的投手

投手只有吐唾沫才能投出好球吗？

罗投球从小就展露出在棒球方面的天赋，被称为棒球神童。妈妈在怀上罗投球之前，做的胎梦就不寻常。在梦中，罗投球的妈妈金优儿在海边玩水，因为自己自尊心很强，总是跟鱼儿们炫耀自己的美貌。

走进案件

"真是连大海都嫉妒我天仙般的美貌啊。鱼儿们，不好意思了啊，我实在是太漂亮了。不过那个银白色的东西是什么？刚才看着就不顺眼。"

紧接着海水中发出一道奇异的光，金优儿留心地观察着海水的变化。白色物体在海水中起起伏伏，看不清到底是什么。时刻不忘保持自己优美身姿的金优儿不肯轻易挪动地方。但她太想知道那是什么东西了，禁不住朝那个方向游去。

"我太好奇那个东西了。难道是宝石之类的东西？能让我挪动地方可不是件容易的事啊。那应该是个很特别的

127

吐唾沫的投手

东西。"

满怀期待的金优儿离那个银白色物体越来越近。金优儿即将游到那个银白色物体边上时，突然感觉到一股异常的气息。那种气息很强烈，甚至让金优儿打了个趔趄。

"这个……这气息很神奇，好像很不寻常。"

金优儿一直朝着那个方向游去。就在金优儿几乎要触摸到那个东西的瞬间，海面摇晃了一下，大海中涌现出一个巨大的棒球。

"这是什么啊？外星人来到地球上了？海里涌现出来的是什么呢？"

惊慌的金优儿往下一看，自己竟然坐在这个巨大的棒球上。

"啊，这是棒球？什么棒球能比太阳都大？"

仅是坐在棒球上就已经让金优儿不知所措了，那个棒球运动的速度更是快得让她吃惊。棒球飞得太快了，以至于金优儿有些头晕。

"呀，棒球你为什么飞这么快啊？我都晕死了。"

载着金优儿的棒球朝着太阳飞去。即使是快要飞到太阳上的时候，它的速度还是很快，没有丝毫的减缓……

在做完这个很荒唐但却让人印象深刻的梦之后，传来了好消息，金优儿怀孕了。在那之后，金优儿就期待着孩

吐唾沫的投手

子的到来，孩子将来会不会是棒球界的神童呢？金优儿将生产的地点选择在了一个能清楚地看到棒球场的地方。

果然，罗投球从小就展现出了与众不同的棒球才华。在罗投球还不会说话的时候，他一见到球就走不动路了，咬球、抓球、踢球，与同龄孩子的爱好截然不同。

"我的胎梦果然是非比寻常。"

"又在说那个胎梦吗？"

"我们的儿子，让他打棒球的话，肯定能成功。现在就能看出来。你看，他握球的姿势就和别的孩子不一样。"

金优儿的丈夫慢条斯理地说道："应该让罗投球做自己喜欢的事情，我们不能提前规划罗投球的人生。"

"等着瞧吧，我们的儿子一定会走上打棒球这条路的。胎梦都告诉我了。"

"你就知道相信胎梦……应该做个能让我们的孩子健康成长的梦啊。"

每天晚上两个人都在谈论着罗投球的事情。时间就这样不知不觉地过去了。就这样，罗投球在父母无限的关爱中成长起来了。

罗投球在五岁时，就已经成为一个棒球方面的专家了。大人们观看棒球比赛的时候，有不懂的问题就问他：

吐唾沫的投手

"罗投球啊，要是想得分的话，应该怎么做？"

"能有个本垒打是最好的了。要不就得击球手们一个一个地积聚力量。只有那样，每一垒才能有个全垒打。"

"只要是关于棒球的问题，就没有罗投球不知道的。真是太聪明了。"

"只要是关于棒球的内容，我听一遍就会都记住。"

"真的吗？罗投球那么厉害啊！"

"呵呵，也没什么了不起的啦。"

人们越是这样赞扬他，他就越对棒球感兴趣。每年他的棒球实力都在提高。不仅是罗投球，连罗投球的父母也认为，他走上打棒球这条路是理所当然的事情。

"老公，我们罗投球身体里流淌着棒球运动员的血液呢。"

"还真是，看来不应该小看那个胎梦啊。我一开始还不相信，但大家都在称赞罗投球，说他是棒球神童。"

"罗投球一定会成为世界级的棒球选手的！"

罗投球父母这样想也不无道理。罗投球进入里特棒球队后，他的实力就比任何一年级的选手都强。由于罗投球实力出众，自入队后，就没当过替补。而且从小时候起，只要是关于棒球的书籍，罗投球都读过，所以他脑子里有很多关于棒球的知识。罗投球不仅仅是用身体在打棒球，

吐唾沫的投手

而且是用脑子在打棒球。

"妈妈，我想用科学的方法打棒球。人们都认为，运动只是简单的肢体活动，我不那么想。"

"哎呦，罗投球都想到科学了。果然是我儿子，真聪明。"

"除了要好好锻炼身体，保持体力外，还应该多学些东西，只有那样才能够更科学地打球。"

"我儿子真是了不起，果然是与众不同。要做到更好，知道吗？"

罗投球一有好的想法，就记下来，然后和父母讨论。他的父母每次也都很认真地倾听他的想法，这让罗投球备受鼓舞。

自从罗投球进入小学里特棒球队后，他所在的球队就从未输过。聪明的罗投球经常会向教练提出很好的战术建议。教练也知道罗投球的棒球实力很强，所以经常会采纳罗投球的建议，将其运用到全队的战术安排中。在小学三年级时，棒球实力很强的罗投球成了里特棒球队的队长。

"真不愧是我儿子。我儿子罗投球是棒球队历史上最年轻的队长，妈妈真是太骄傲了。"

"我对那个不感兴趣，只要能打棒球，我就很高兴了，妈妈。"

吐唾沫的投手

"那样不正是说明你的实力被认可了嘛。儿子，今后一定要更加认真地打棒球。"

"当然，妈妈。我的生活里不能没有棒球。"

罗投球的妈妈为自己有这样的儿子感到十分骄傲，天天都在夸赞着自己的儿子。

就这样，罗投球继续着他的棒球生活。罗投球无论是在初中，还是在高中，他的棒球水平都是最棒的，没有任何缺陷。随着年龄的增长，几乎没有人不知道罗投球是天才击球手。

"听说罗投球考入了征服高中？"

"嗯，听说是那样。后退高中和征服高中一直在争取罗投球。最后罗投球选择了征服高中。"

"为什么呢？"

"听说是因为罗投球成长迅速，好像已经有职业棒球队与他接洽了。但现在罗投球的骨骼还没有发育完全，还需要些时间。"

"所以呢？"

"后退高中提出他必须要读完高中三年课程，但在校期间，学校会提供很多的奖学金。而征服高中则开出了只要骨骼发育完全，罗投球随时可以加入职业棒球队的条件。"

吐唾沫的投手

关于罗投球的事情，村里的人比罗投球自己知道得都详细。就这样，罗投球进入了征服高中。尽管罗投球为加入职业棒球队做好了充分的准备，但为了能在职业队中也有出色的表现，他需要将身体锻炼得更加结实。终于，在高二暑假的时候，罗投球进入了职业棒球队。那时，很多棒球队都希望能够和罗投球签约，都向他抛出了橄榄枝。

在选择职业棒球队时，罗投球也很慎重。由于罗投球自身实力出众，所以他选择了一支排名倒数第一的棒球队。因为他想与其加入一支很优秀的棒球队，倒不如选择一支较差的棒球队，然后带领这支队伍，一起取得优胜。

"天啊，拒绝那么优厚的待遇，竟然决定去一支最差的球队。"

"这支最差的球队，应该没有多少钱的，怎么会决定去那儿呢？"

"听说罗投球想重振这支球队。真是困难重重啊，那可不是一般的烂队，那可是年年倒数第一的球队啊。"

人们的担忧显然是多余的。在罗投球作为职业棒球手参加比赛的第一年，这支倒数第一的球队竟然打进了总决赛。人们不禁再次感叹罗投球的棒球实力。罗投球信心十足，他想赢得赛季的总冠军。以这种状态持续下去，罗投球所在的球队夺得总冠军的概率很大。

吐唾沫的投手

但是，渴望夺得总冠军的罗投球遇到了一个大问题。罗投球每次在投球的时候都有个朝地上吐唾沫的习惯。但由于这种吐唾沫的行为让观众感到反感，所以棒球委员会增加了"禁止吐唾沫"的规定，禁止选手在比赛中吐唾沫。多年的习惯，一下子遭到了限制，罗投球心里很不高兴。

新规定实施的第一场比赛中，罗投球觉得虽然是和以前一样的方式投掷出棒球，不知为什么飞出去的方向和想象中的不一样。罗投球平复了一下心情，又重新投掷了一次，还是与想象的不一样。出现这种状况还是第一次。时间一分一秒地过去了，罗投球开始感到惊恐不安。最终，罗投球所在的球队输掉了比赛。

从未输过比赛的罗投球认为，所有的事情都是由于禁止吐唾沫的规定造成的。这也终结了他迄今为止从未失误的全垒打记录，使他的名誉受损了。罗投球怎么想都觉得比赛失利是因为不能吐唾沫造成的，所以他将职业棒球委员会起诉到了生物法庭。

因为灰尘多，感到紧张，心脏跳动加快，所以投球手必须得吐唾沫！

投球手们之所以吐唾沫是为了平复自己紧张的心情。而且因为投球手套上有很多灰尘，所以投球手会吸进很多的灰尘，这也是投球手比其他运动员多吐唾沫的原因之一。

投球手为什么总是吐唾沫？

让我们去生物法庭了解一下吧。

生物法庭

审　判　长：现在开庭。首先请被告方辩护。

盛务盲律师：以前我在看棒球比赛的时候，看到选
手们吐唾沫，常常会觉得很恶心。拜
托，在比赛过程中能不能少吐唾沫？
那样观众们才可以心情愉悦地观看比
赛。每次看到选手吐唾沫的时候，我
都会觉得很脏，无法欣赏比赛。所以
我很赞成职业棒球委员会的这项决
定。

审　判　长：请原告方陈述。

BO 律　师：人在紧张或是兴奋的时候，心跳加快，
血压升高，所以分泌的唾液会增多。

吐唾沫的投手

审　判　长：这和棒球投球手又有什么关系呢？

BO 律　师：棒球也被称为是投球手的游戏。也就是说，在一场棒球比赛中，投球手的能力所占的分量很大，起到的作用也大。

审　判　长：那个我知道。

BO 律　师：投球手为了让对方击球手无法击中抛出的球，每次抛球的时候都会很紧张。特别是跑垒运动员开跑时，投球手会更紧张。所以和其他运动员相比，投球手口中经常会分泌很多的唾液。

审　判　长：咽下去不就行了吗？

BO 律　师：因为吞咽唾沫是承认自己紧张的一种表现，所以才做出与之相反的动作——吐唾沫。而且，投球手套上有很多的灰尘，投手很容易吸进这些灰尘。所以只能经常吐唾沫。

审　判　长：原来是这个原因啊。那样的话，为了能让投手抛出更好的球，呈现给观众

吐唾沫的投手

质量更高的职业棒球比赛，应该允许投球手在比赛时吐唾沫。我将要求职业棒球委员会重新商讨这个决定。

棒球上沾有唾液的话会怎么样呢？

投球手由于周边的灰尘和心理原因会经常吐唾沫，但是如果唾沫沾到球上又会怎么样呢？如果投球手抛出一个沾满唾沫的球，对方很可能会因为嫌脏而避开。但是，在这种情况下，即使击球手下定决心要击球，那个球也有可能会突然间在击球手面前转向，成为变化球。这种变化球也被称为湿曲线球。

这是因为，唾液会使球的表面变得平整。在球表面平整的情况下，阻力会变强。这种阻力的差异形成了变化球。在棒球比赛时，是不允许投掷这种湿曲线球的。

一起来提高生物成绩

血液

人体中流淌着大量的血。血也被称为血液。血液由固体的血细胞和淡黄色的液体血浆组成。血细胞又分为以下几种。

● 红细胞：红细胞像是一个中间凹陷的圆盘。红细胞里含有一种叫作血红蛋白的色素，呈红色。这也是血液呈现出红色的原因。血红蛋白具有在氧气充足的地方与氧气结合，在氧气不足的地方释放氧气的特性。

● 白细胞：白细胞有细胞核，具有吞噬细菌的作用。

● 血小板：血小板呈不规则运动。当身体受伤出血时，血小板能够起到止血的作用。

血浆的化学成分中，水分占90%~92%，其他10%以水溶性血浆蛋白为主，并含有电解质、营养素、酶类、激素类、胆固醇和其他重要组成部分。血浆的主要作用是运载血细胞，运输维持人体生命活动所需的物质和体内产生的废物等。

心 脏

人的心脏如拳头般大小，位于胸腔中间偏左的位置。心脏由四个腔构成。流入心脏的血液进入心房，再经心室流向全身。心房和心室、心室和动脉之间有瓣膜，所以血液只向一个方向流动。心脏通过有规律的收缩和扩张来实现血液的循环。这种规律的运动被称为心搏。

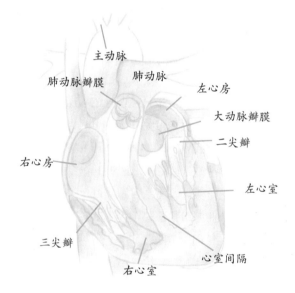

主动脉
肺动脉瓣膜　　肺动脉　　左心房
　　　　　　　　　　　大动脉瓣膜
　　　　　　　　　　　二尖瓣
右心房
　　　　　　　　　　　左心室
三尖瓣
　　　　　　　　心室间隔
右心室

血液的循环

现在让我们了解一下血液是如何在身体中流动的。

与心脏相连接的血管是动脉和静脉。血液通过动脉血管从心脏流向全身，通过静脉血管从全身流回心脏。

人类血液循环是封闭式的，是由体循环和肺循环两条途径构成的双循环。血液由左心室射出，经主动脉及其各级分支流到全身的毛细血管，在此与组织液进行物质交换，供给组织细胞氧气和营养物质，并运走二氧化碳和代谢产物，动脉血变为静脉血，再经各级静脉汇合成上、下腔静脉流回右心房，这一循环为体循环；血液由右心室射出，经肺动脉流到肺毛细血管，在肺泡进行气体交换，吸收氧气并排出二氧化碳，静脉血变为动脉血，然后经肺静脉流回左心房，这一循环为肺循环。

排泄

篝火烧尽后会留下灰烬，那么灰烬该怎么

办呢？

当然要扔掉。同样，我们吃的食物能给我们提供能量，但同时也会产生没用的东西，那就是废物。将这些废物排出体外就是排泄。

那么会产生哪些废物呢？碳水化合物和脂肪会生成二氧化碳和水。二氧化碳被输送到肺部，呼吸时通过鼻子排出体外。水则要么被继续使用，要么通过尿或汗排出体外。

蛋白质和氧结合并充分分解后，转化成氨基酸。这时，会生成水、二氧化碳和氨之类的废物。毒性较大的氨在肝脏里被转化成毒性较小的尿素。血液将水和尿素输送到肾脏，通过尿液排出体外。

肾脏

肾脏是排泄器官，形如扁豆，位于脊柱两侧。

肾脏内有很多肾小体。肾小体由肾小球和肾小囊组成。

流入肾脏的血液在经过肾小体时被过滤。所以肾小体起到像净水机一样的净化作用。

　　然后，血液经肾小体过滤后的液体被输送到肾小管。在肾小管中，大部分的营养物质和水被吸收，剩下的水和尿素就变成了尿液。尿液通过输尿管被输送到膀胱，储存起来，然后被排出体外。

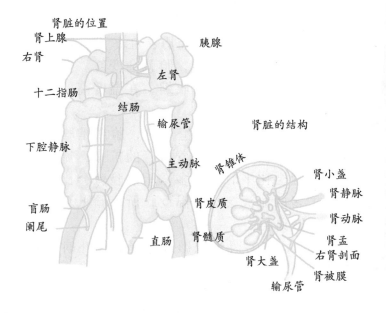

生气或害羞时，脸为什么会变红？

人体内有大量的血管，如同蜘蛛网一样分布在全身的各个角落。血液通过这些血管在身体内流动。温度高或是运动、感情变化的时候，血管就会扩张，血管中流动的血液量就会增多。血管中流动的血液一变多，皮肤看起来就变红了。

大家都有过这样的经历：在冬天，特别是室内外温差很大的时候，脸就会变红。那是因为在温度低的地方血管收缩，在温度高的地方血管扩张而造成的。

特别是在慌张或是尴尬时，脸或是脖子下面的血管就会扩张。随着血管的扩张，流向脸部的血液会比平时多很多，所以脸就会比平时红。增多的血液会提高温度，所以脸上会有火辣辣的感觉。

相反，在看恐怖电影或是受到惊吓时，脸色会变白。这是由于血管突然收缩造成的。

一起来提高生物成绩

不舒服的话，为什么会发烧？

　　身体发热表示我们的身体正在和病菌作斗争。我们的周边有很多肉眼看不见的病菌。这样的病菌一旦进入体内，就会使身体出现异常。

　　当然，当病菌进入身体时，身体也不是毫无反应。这时，吞噬细菌的白细胞会变得活跃起来。白细胞能起到阻止病菌继续扩张的作

发烧是在驱
除病菌！

用。在温度高的地方，病菌的力量就会被削弱。我们的身体正是利用病菌的这个弱点，让我们的身体发热。而吞噬细菌的白细胞在温度越高的环境中越活跃。

所以身体发热的话，病菌的力量会被削弱，而吞噬细菌的白细胞的力量却会变强。

身体不舒服的话，不但会发热，还会出现全身酸痛、皮肤发烫或是咳嗽的症状。这些症状都是我们的身体为了驱除病菌，竭尽全力与病菌抗争的表现。

与生物交个朋友

在写作这本书的过程中，有一个烦恼一直困扰着我。这本书究竟是为谁而写？对于这一点我感到无从回答。最初的时候，我想把这本书的读者定位为大学生和成人。但或许小学生和中学生对这些与生物密切相关的生活小案件也有极大的兴趣，出于这种考虑，我的想法发生了改变，把这本书的读者群定位为了小学生和中学生。

青少年是我们祖国未来的希望，是21世纪使我们国家发展为发达国家的栋梁之才。但现在的青少年好像对科学教育不怎么感兴趣。这可能是因为我们盛行的是死记硬背的应试教育，而不是让孩子们以生活为基础，去学习和发现其中的科学原理。

笔者虽然不才，可是希望写出立足于生活，同时又符合广大学生水平的生物书来。我想告诉大家，生物并不是多么遥不可及的东西，它就在我们身边。生物的学习始于我们对周围生活的观察，正确的观察可以帮助我们准确地解决生物问题。

图书在版编目(CIP)数据

生物法庭. 7, 智齿的保险 ／(韩)郑玩相著；牛林杰等译.
—北京：科学普及出版社，2013
　(有趣的科学法庭)
　　ISBN 978-7-110-08263-8

　Ⅰ.①生… Ⅱ.①郑… ②牛… Ⅲ.①生物学－普及读物
Ⅳ．①Q-49

中国版本图书馆CIP数据核字（2013）第106611号

Original title:과학공화국 생물법정：4 인체
Copyright ©2007 by Jaeum & Moeum Publishing Co.
Simplified Chinese translation copyright ©2013 by Popular Science Press.
This translation was published by arrangement with Jaeum & Moeum Publishing Co.
All rights reserved.

著作权合同登记号：01-2012-0258

作　　者 [韩] 郑玩相
译　　者 牛林杰　王宝霞　张懿田　孙飞翔　王道凤
　　　　 田润辉　唐恬恬　武　青　刘　欣　刘　丽

出 版 人 苏　青
策划编辑 肖　叶
责任编辑 邓　文
封面设计 阳　光
责任校对 林　华
责任印制 马宇晨
法律顾问 宋润君

科学普及出版社出版
北京市海淀区中关村南大街16号　邮政编码：100081
电话：010-62173865　传真：010-62179148
http://www.cspbooks.com.cn
科学普及出版社发行部发行
鸿博昊天科技有限公司印刷
*
开本：630毫米×870毫米 1/16 印张：9.25 字数：148千字
2013年8月第1版　2013年8月第1次印刷
ISBN 978-7-110-08263-8/Q·131
印数：1-10000册　定价：17.50元